Mohamed Almahi

Desempenho da abelha melífera africana em condições desérticas

Mohamed Almahi

Desempenho da abelha melífera africana em condições desérticas

ScienciaScripts

Imprint

Any brand names and product names mentioned in this book are subject to trademark, brand or patent protection and are trademarks or registered trademarks of their respective holders. The use of brand names, product names, common names, trade names, product descriptions etc. even without a particular marking in this work is in no way to be construed to mean that such names may be regarded as unrestricted in respect of trademark and brand protection legislation and could thus be used by anyone.

Cover image: www.ingimage.com

This book is a translation from the original published under ISBN 978-620-2-19881-3.

Publisher:
Sciencia Scripts
is a trademark of
Dodo Books Indian Ocean Ltd. and OmniScriptum S.R.L publishing group

120 High Road, East Finchley, London, N2 9ED, United Kingdom
Str. Armeneasca 28/1, office 1, Chisinau MD-2012, Republic of Moldova, Europe
Printed at: see last page
ISBN: 978-620-8-05562-2

ÍNDICE

RESUMO

A Apis mellifera jemenitica é considerada uma das abelhas melíferas mais utilizadas em condições desérticas, em comparação com outras raças de abelhas melíferas. As abelhas melíferas híbridas africanas ainda não foram completamente estudadas em condições desérticas. Assim, o presente estudo foi concebido para avaliar a *Apis mellifera jemenitica* e *a Apis mellifera (carnica-lamarckii)* híbrida em condições desérticas, dentro e fora da tenda. Foram utilizadas nesta experiência 40 colónias de abelhas, que foram divididas em 2 grupos, cada grupo contendo 20 colónias. As 20 colónias de cada grupo foram divididas igualmente no exterior e no interior da tenda.

A evolução dos caracteres morfométricos e o desempenho das colónias, que incluem a criação de crias, a produção de mel, a armazenagem de pólen, bem como os dados relativos à temperatura e à humidade, foram registados e analisados a fim de comparar os dois grupos dentro e fora da tenda. Os resultados morfométricos *da A. melliefra jemenitica* revelaram uma elevada semelhança na Arábia Saudita.

Os caracteres morfológicos no presente estudo *do* híbrido *A. m. jemenitica* e *Apis mellifera (carnica- lamarckii)* mostraram que há uma diferença significativa no comprimento da probóscide, no índice cubital e na cor dos tergitos 3 e 4.

A produção de mel dentro e fora da tenda foi significativamente mais elevada no híbrido *Apis mellifera (carnica- lamarckii)* em comparação com a raça *Apis mellifera jemintica*, por outro lado, *a Apis mellifera jemintica* selou a criação de zangões significativamente mais elevada do que o híbrido *Apis mellifera (carnica- lamarckii)* durante o período testado. *A* temperatura da colmeia de *A. m. jemenitica* foi significativamente mais elevada do que a temperatura da colmeia de outras abelhas exóticas às 6 horas da manhã, dentro e fora da tenda. A UR da colmeia da *Apis mellifera (carnica- lamarckii)* híbrida foi significativamente mais elevada do que a UR da colmeia da *Apis mellifera jemenitica* nos três períodos: 6:00, 12:00 e 18:00 horas. Em conclusão, a tenda interior reduz significativamente o nível de temperatura, em dois períodos 12:00md e 6:00pm em *Apis mellifera (carnica- lamarckii)* híbrida. No entanto, ambos os grupos estão a sobreviver dentro e fora da tenda para várias condições do deserto.

DEDICAÇÃO

Dedico este trabalho à minha mãe, à minha mulher e ao meu filho por todo o

apoio que me deram durante o meu doutoramento.

RECONHECIMENTO

Gostaria de expressar os meus agradecimentos a

ALÁ

que me dão vida, saúde e ciência.

Adel Mohamed Elbassiouny, Prof. de Apicultura, Plant Protec. Dep., Fac. Agric., Ain shams Univers. Cairo, Egito, pela sua supervisão, ajuda ilimitada durante este trabalho e revisão do manuscrito.

Os meus mais sinceros agradecimentos ao Prof. Hassan Mohamed Sobhy, Prof. Animal Resou. N. Resou. Dep., Inst. África. Res. e estudos pela sua supervisão, ajuda ilimitada durante este trabalho e revisão do manuscrito.

Além disso, estou gratamente grato ao Dr. Mostsfa Abdulhamed, professor do Departamento de Recursos Naturais do Instituto de Investigação e Estudos Africanos. Universidade do Cairo, pela sua colaboração e ajuda contínua.

Agradecemos profundamente ao Dr. Mohammed Alsharhi, Professor Assistente de Apicultura, Departamento de Agricultura, Fac. de Agricultura e Medicina, Universidade de Thamar, Iémen, pelo seu apoio e ajuda ilimitada.

A minha mais sincera gratidão ao Príncipe Sultan Bin Mohamed Bin Abdul Aziz pela sua ajuda ilimitada e ao Sr. Sami Ahmed Saeed pelo seu apoio e ajuda ilimitada.

Por último, gostaria de expressar os meus mais profundos agradecimentos ao meu irmão Alaeliden Almahi pela sua bênção, compaixão e encorajamento.

Lista de abreviaturas

Temp.	Temperature
$^{\circ}$F	Fahrenheit
$^{\circ}$C	Celsius
F1	First Hybrid
SD	Standard deviation
am	Before midday
md	Midday
pm	After miday
Sig.	Significant
NS	Not significant
HS	High significant
vs.	Versus
In^2	Square inch
RH	Relative humidity
CCAB	Comb cover with adult bees
Fig.	Figure
Hist.	Histogram
r.	Correlation coefficient
*	P-value < 0.05 (Significant)
**	P-value < 0.01 (High significant)
T3 L	Tergite 3 length
T4 L	Tergite 4 length
mtr L	Metatarsus length
mtr W	Metatarsus width
FWL	Fore wing length
FWW	Fore wing width
wmL	Wax mirror, longitudinal
wmT	Wax mirror transversal
CT	Color Tergite

1. INTRODUÇÃO

A apicultura desempenha um papel importante na polinização das plantas, o que leva a manter o mundo verde e a maximizar a área verde e a diminuir os desertos em todo o mundo. Além disso, as abelhas produzem mel e outros produtos que têm grandes benefícios para a saúde humana e para a economia mundial. As abelhas (*Apis mellifera* L.) espalham-se por grandes áreas do globo, desde a Escandinávia, a norte, até ao Cabo da Boa Esperança, a sul, 2nd desde Dakar, a oeste, até Omã, a leste. Caraterísticas especiais adquiridas ao longo dos séculos caracterizam as estirpes deste tipo (Rothenbuhler *et al.*, 1968 e Ruttner, 1978) estuda o inventário de estirpes deste tipo, que mostrou que existem 25 estirpes de *Apis mellifera* L. espalhadas em África, no Médio Oriente, no sudeste e no noroeste da Europa.

Dado o papel de importância das abelhas na polinização das plantas, que auxiliam na propagação de plantas em áreas desérticas, aumentam a densidade da vegetação externa. Portanto, este estudo se propôs a mostrar o efeito da presença das abelhas *Apis mellifera (carnica- lamarckii)* híbrida e *Apis mellifera jemenitica* nas áreas desérticas com vegetação fraca e sua principal saída de mel e outros materiais.

As abelhas melíferas originárias de África são conhecidas como os tipos mais comuns de abelhas que recolhem mel (Crane, 1990), mais activas (Elbassiouny, 2008), mais activas para a termorregulação (Elbassiouny, 2008) e resistentes a doenças (Elbassiouny, 2013), mas a defesa agressiva de algumas raças de abelhas africanas causa a morte de muitas pessoas e animais. Este comportamento afecta negativamente toda a indústria apícola (Breed *et al.*, 2004).

Muitos investigadores referiram que a raça indígena ultrapassa outras raças na atividade de forrageamento e na tolerância às condições da área (Elbassiouny, 2008). Al-Ghamdi *et al.*, (2013) afirmaram que a abelha indígena superava a abelha Carniolan na produção de criação e recolha de pólen, enquanto a produção de mel era semelhante nas duas raças. A elevada produção de criação da abelha autóctone conduziu a um consumo rápido das reservas de mel quando a temperatura estival se aproxima dos 40 C°, em comparação com a abelha Carniolan.

O nosso estudo centrou-se na comparação do desempenho da *Apis mellifera jemenitica* com o híbrido *Apis mellifera (carnica- lamarckii)*, que representava a abelha africana. As duas raças enfrentarão o difícil clima do deserto. As temperaturas elevadas, a baixa humidade e a velocidade do vento serão os principais factores; o estudo avaliará as duas raças em função destes factores. Produção de mel, produção de criação de operárias, pólen armazenado e CCAB. Estudar a possibilidade de diminuir a temperatura e proteger as colmeias da velocidade do vento utilizando uma tenda especialmente fabricada para o efeito. Colmeias de outras duas raças colocadas fora das tendas para comparação.

2. REVISÃO DA LITERATURA

2.1. Apicultura saudita

A apicultura na Arábia Saudita é uma indústria em crescimento. O número estimado de apicultores e colmeias é de cerca de 4000 e 700000, respetivamente, e produzem coletivamente cerca de 3500 toneladas de mel por ano, ou seja, cerca de 26% da procura necessária. Em consequência, cerca de 10 000 toneladas de mel são importadas anualmente da Europa, do Irão, da Turquia, da Austrália e dos Estados Unidos. A maioria dos apicultores das zonas do Sudoeste utiliza métodos apícolas tradicionais migratórios para evitar condições climatéricas adversas e deficiências alimentares Alqarni *et al.*, (2011).

No nordeste da Arábia Saudita, encontram-se em estado selvagem plantas produtoras de néctar e pólen como a Ziziphus spina Ch. (Rhamnaceae). As suas épocas de floração começam em agosto e setembro de cada ano, dependendo da precipitação. Estudos posteriores efectuados por Algarni (1995) demonstraram diferenças significativas em vários caracteres morfológicos entre *a Apis mellifera jemenitica* da Arábia Saudita, a *A. mellifera carnica* da raça Carniolan e o seu cruzamento híbrido F1. As abelhas nativas da Arábia Saudita são visivelmente mais pequenas e são classificadas como uma estirpe da *Apis mellifera jemenitica*, representando um ecótipo significativo. Efetivamente, numa série de caracteres biológicos e comportamentais (por exemplo, criação de operárias, mel e pólen armazenados, atividade de forrageamento e tempo de forrageamento). A população saudita nativa de *Apis mellifera jemenitica* teve um melhor desempenho do que *a Apis mellifera jemenitica de outras populações* ou o híbrido F1 destas subespécies (Sheppared e Meixner, 2003; Meixner *et al.*, 2011).

Engel, (1999); Alqarni *et al.* (2011) afirmaram que *a Apis mellifera* tem sido utilizada na apicultura em toda a Península Arábica desde, pelo menos, 2000 a.C. A literatura existente demonstra que estas populações estão bem adaptadas aos extremos rigorosos da região. As populações de *Apis mellifera jemenitica* nativas da Arábia Saudita são muito mais tolerantes ao calor do que as raças-padrão frequentemente importadas da Europa. A Arábia Saudita Central tem as temperaturas de verão mais elevadas da

Península Arábica, e é nesta região que apenas *a Apis mellifera jemenitica* sobrevive, enquanto outras subespécies não conseguem persistir. A estirpe indígena da Arábia Saudita difere de outras subespécies da região em algumas caraterísticas morfológicas, biológicas e comportamentais. (Alqarni, 2006; Alqarni *et al.*, 2011).

(Alattal *et al.*, 2014b) relatam que a análise morfométrica das abelhas nativas da Arábia Saudita foi comparada com 7 subespécies de *Apis mellifera*, com base em 198 amostras de colónias de 36 locais. Vinte e cinco caracteres morfológicos foram comparados com sete subespécies de abelhas melíferas de referência (*Apis mellifera carnica, A. m. ligustica, A. m. meda, A. m. syriaca, A. m. lamarckii, A. m. Litorea e A. m. jemenitica*), obtidas do Banco de Dados Oberursel (Institute fur Bienenkunde, Universidade de Frankfurt, Alemanha). Os resultados confirmaram que as amostras da Arábia Saudita são muito semelhantes às amostras da subespécie *Apis mellifera jemenitica*, anteriormente descrita em Omã, Iémen e Arábia Saudita (Ruttner *et al.*, 1988) (Quadro 1). As amostras foram bem separadas das outras subespécies, mas a distinção foi menor em relação à *Apis mellifera litorea*. Enquanto as abelhas criadas localmente se encontravam bem separadas, as amostras provenientes da apicultura migratória apresentavam uma variação mais ampla e estavam menos claramente separadas, o que indica a influência da invasão e da hibridação

Quadro 1: Valores morfométricos Média (mm) ± DP de cinco populações de *Apis mellifera jemenitica*, Ruttner (1988).

Personagens	Arábia Saudita	Iémen e Omã	Somália	Sudão	Chade
Probóscide	5.277 ± 0.210	5.481 ± 0.132	5.552 ± 0.120	5.450 ± 0.187	5.356 ± 0.187
Asa dianteira L	7.868 ± 0.224	8.135 ± 0.192	8.214 ± 0.179	8.219 ± 0.214	8.136 ± 0.141
Cubital	2.28	2.20	2.27	2.45	2.39

Índice	± 0.25	± 0.40	± 0.36	± 0.42	± 0.38
Perna traseira L	6.916 ± 0.259	7.120 ± 0.219	7.207 ± 0.203	7.214 ± 0.245	7.175 ± 0.265
Cabelo L	0.172 ± 0.021	0.195 ± 0.020	0.213 ± 0.017	0.193 ± 0.033	0.239 ± 0.38
tergitos 3 &4 L	3.78 ± 0.153	3.937 ± 0.173	3.981 ± 0.121	3.965 ± 0.180	3.914 ± 0.121
Tergite 4 cor	4.60 ± 0.99	4.52 ± 1.27	7.75 ± 1.03	6.38 ± 1.15	5.36 ± 1.111

L = Comprimento

A população saudita de *Apis mellifera jemenitica* parece estar mais bem adaptada do que outras raças à sobrevivência e à atividade (por exemplo, a procura de alimentos) nos extremos do rigoroso ambiente saudita. Algarni (1995) considerou que a proximidade geográfica entre as abelhas nativas da Arábia Saudita (na região de Abha) e as abelhas *Apis mellifera jemenitica* do Iémen conduzia a uma mistura natural entre estas populações.

2.2. Distribuição geográfica de *Apis mellifera jemenitica*

A Apis mellifera jemenitica é a única raça de *Apis mellifera* que ocorre naturalmente tanto em África como na Ásia. Em África, *a Apis mellifera jemenitica* distribui-se principalmente no Sahel, uma zona ecológica e climática tropical seca a sul do Sara e a norte da África tropical, mais húmida (Ruttner *et al.*, 1988, Hepburn e Radloff, 1998) (Fig.1). As populações asiáticas ocupam a Península Arábica que se estende por 4500 km de este a oeste, incluindo Omã, Dutton *et al.*, (1981), Iémen, Ruttner *et al.*, (1976) ,Arábia Saudita. Em África ocupava a Somália, Ruttner *et al.*, (1988), a parte norte da Etiópia, Radlof e Hepburn, (1997), o Sudão (Ruttner. *et al.*, 1976; Rashad e EL-Sarrag, 1980b). As raças de *Apis mellifera* L. evoluíram devido a longos períodos de isolamento geográfico e adaptação ecológica. Entre estas subespécies, a *Apis millfera jemenitica* é particularmente interessante porque é a única raça que ocorre naturalmente tanto em África como na Ásia, Ruttner *et al.*, (1976).

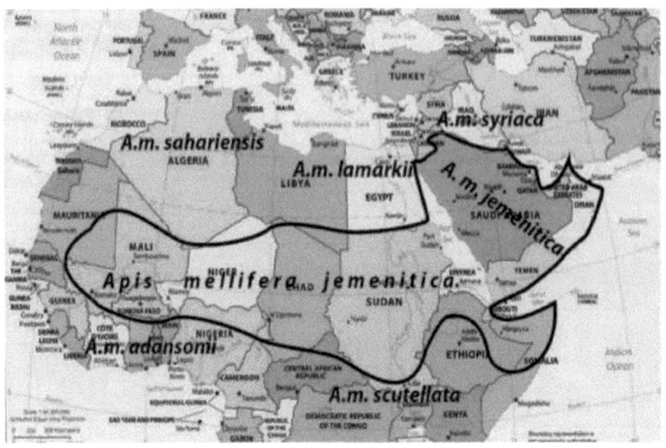

Figura 1: distribuição de *Apis mellifera jemenitica* em África e na Ásia, de acordo com (Ruttner *et al.*, 1988, Hepburn e Radloff, 1998).

2.3. Valores morfométricos de *Apis melliefra jemenitica:*

Morfometricamente, *a Apis mellifera jemenitica* é a mais pequena de todas as raças de *Apis mellifera*, tanto em termos de tamanho do corpo como de comprimento dos pêlos (Ruttner *et al.*, 1988). Apesar de todas as populações de abelhas da zona geográfica acima referida serem consideradas *Apis mellifera jemenitica*, as populações locais ao longo da sua vasta distribuição têm valores morfométricos distintos. Ruttner *et al.*, 1988 , Radlof e Hepburn, (1997) reconheceram cinco populações de *Apis mellifera jemenitica* (Arábia Saudita, Omã, Iémen, Somália, Sudão e Shad) com uma variação morfométrica considerável entre elas.

Algarni, (2013) estudou 10 traços de caracteres morfológicos e órgãos reprodutores de rainhas virgens recém-emergidas de raças de abelhas nativas e importadas, *Apis mellifera jemenitica* Ruttner (A.M.J) e *Apis mellifera carnica* Pollman (A.M.C) medidas. Os resultados da comparação entre as rainhas (A.M.C) e (A.M.J) revelaram diferenças significativas na maioria dos casos. As rainhas virgens (A.M.C) apresentaram um aumento significativo do peso corporal (165,9±9,8 mg) em relação ao das rainhas (A.M.J) (137,8±7,9 mg) nas duas épocas do estudo. Além disso, as rainhas (A.M.C) apresentaram valores significativamente mais elevados do que as rainhas (A.M.J) para todos os traços morfológicos testados, incluindo a cápsula da cabeça (2,61x2,44 mm versus 2,45x2.23 mm), mandíbula direita (1.29x0.38 mm versus 1.18x0.37 mm), asa anterior (9.39x3.10 mm versus 9.17x3.00 mm), e o comprimento do terceiro e quarto tergitos abdominais (5.95 mm versus 5.57 mm), respetivamente. O número de ovariolos do ovário direito das rainhas (A.M.C) foi significativamente maior (157,0±14,9) do que o das rainhas (A.M.J.) (146,6±13,9). Os diâmetros dos reservatórios espermatecais foram de 1,253 e 1,230 para (A.M.C) e (A.M.J), respetivamente, com diferenças significativas entre as duas raças na segunda estação do estudo.

Almehmadi *et al.,* (2011) indicaram que a estrutura histológica do ovário das rainhas da raça de abelha melífera do Iémen, *Apis mellifera jemenitica*, foi estudada nos terceiro e quinto instares larvares, na pupa com 1, 2 e 3 dias de idade e nas abelhas rainhas imago recém-emergidas. As larvas de abelhas rainhas foram alimentadas com um alimento real intensivo ao longo de todos os instares larvares para evitar uma regressão agravada para o estatuto de operária. Foram encontradas várias diferenças de um instar de desenvolvimento para outro, bem como nas diferentes idades de cada fase. Observou-se que os ovários da abelha rainha passam por várias fases discerníveis durante a metamorfose. Células grandes, das quais se originam as células germinativas, rodeadas por pequenas células planas que formam a futura forma geral dos ovários (a cobertura peritoneal). Os ovários da rainha continuam a crescer e a diferenciar-se após o quinto (último) instar larvar e durante as três fases de pupa, em que os ovários incluem duas áreas: as células germinativas e o fio periférico. No entanto, aquando da emergência, as células germinativas ainda não estão maduras.

2.4. A cor do corpo *da Apis mellifera*.

A cor da *Apis mellifera jemenitica* de África é um amarelo mais intenso (pigmentação do tergito 4) do que a da Península Arábica, onde Amssalu, (2004) relatou que existem valores de pigmentação amarela mais intensa para populações da Etiópia do que da

Península Arábica.

2. 5. Aspectos comportamentais de *Apis mellifera jemenitica*.

2.1.1.   Gestão de *Apis mellifera* em colmeias de caixa.

A apicultura com *Apis mellifera jemenitica* é amplamente praticada na maioria das áreas da sua distribuição, tanto em África como na Ásia, sendo a maioria das colónias mantidas em colmeias tradicionais, pelo que o seu valor comercial quando mantidas em colmeias de caixa não está estabelecido. Al Ghamdi (2005), num estudo sobre a população da Arábia Saudita (*Apis mellifera jemenitica*), observou que as colónias transferidas de colmeias tradicionais para colmeias de caixa, com cera de abelha e alimentação suplementar, se estabeleceram com sucesso. Este facto ajuda a desmentir a crença de muitos apicultores de que *a Apis mellifera jemenitica* não se adapta às colmeias de caixa, o que constitui um desafio comum para a maioria dos apicultores africanos. O estudo de demonstrou ainda que as colónias com folhas de cera de abelha são capazes de criar mais criação e armazenar mais mel e pólen por estação do que as colónias sem cera de abelha, indicando um bom potencial para a raça na apicultura comercial.

2.1.2.   Temperamento.

A Apis mellifera jemenitica é considerada dócil em condições muito quentes no norte de Omã e no norte do Iémen, segundo Dutton *et al.* (1981), e na Arábia Saudita é considerada um pouco dócil, não picando mesmo após provocação, segundo Algarni (1995). Consequentemente, as abelhas da Arábia Saudita podem ser examinadas e manipuladas a qualquer hora do dia por um trabalhador com o mínimo de vestuário ou equipamento de proteção. Por outro lado, a *Apis mellifera jemenitica* do Sudão e do Shad é considerada muito agressiva (Gadbin. 1976; Rashad e El-Sarrag, 1980a; Dutton *et al.*, 1981) e Field (1980). Na Etiópia, *a Apis mellifera jemenitica* foi considerada mais agressiva do que outras espécies Nuru *et al.*, (2002). Em termos de comportamento, as populações africanas e asiáticas de *Apis mellifera jemenitica* são nitidamente diferentes.

2. 6. The biology and morphology of honey bees in Egypt.

Aly *et al.*, (1989) verificaram que o comprimento da probóscide era de 6,21, 6,08 e 5,41 mm. Para as abelhas Carniolan, Italianas e Egípcias, respetivamente. Concluíram que o comprimento da probóscide estava significativamente correlacionado com o peso do saco de mel e com a produção de mel por colónia.

Mazeed (1988) estudou a morfometria das abelhas encontradas no Egito, nomeadamente os híbridos naturais (*A.m.lamarckii* e *A.m.carnica*) e o efeito do carácter de tolerância das abelhas em relação ao ácaro parasita, *Varroa jacobsoni* Oud, nos seus caracteres morfológicos.

Escolheu 18 caracteres das asas anteriores e posteriores como critérios para a análise morfométrica da abelha. Estes caracteres representam o comprimento de determinadas distâncias entre os pontos de passagem das veias. Os comprimentos de determinadas veias e alguns ângulos entre elas. As medições foram efectuadas utilizando um computador equipado com um programa de medição adequado e ligado a uma câmara de vídeo CCD. As asas foram fotografadas pela câmara e depois apresentadas no monitor. Recolheu amostras de abelhas em 15 províncias do Egito. Foram recolhidas amostras de 5-13 abelhas, representando as abelhas híbridas. Também foram recolhidas amostras de abelhas egípcias e carniolianas. Todas as amostras foram levadas para a Alemanha, onde foram efectuadas as medições. Numa primeira fase, foi feita uma avaliação qualitativa dos materiais recolhidos quanto ao padrão de cor do terceiro tergito. Os resultados foram resumidos em termos de distribuição de frequências. Os resultados mostraram que as abelhas egípcias e as abelhas híbridas têm o mesmo padrão de cor. Onde não há sobreposição entre Carniolan e ambas as abelhas egípcias e híbridas. A segunda parte do seu estudo foi dedicada à análise quantitativa utilizando os 18 caracteres mofométricos mencionados anteriormente. Além disso, recorreu ao teste t e à análise discriminante. Fez a comparação entre as duas populações de abelhas Carniolan no Egito. Além disso, estudou a diferença entre as abelhas Carniolan no Egito e na Alemanha e o resultado mostrou que os dois grupos de abelhas Carniolan podiam ser considerados como duas populações diferentes de abelhas

Carniolan no Egito.

Kamel *et al.,* (2003) analisaram 56 amostras de seis locais diferentes no Egito, desde a costa norte do Egito, ao longo do Mar Mediterrâneo, até ao novo vale no sudoeste do Egito, no deserto ocidental. Foram medidos vinte e cinco caracteres. A recolha de dados foi efectuada de acordo com o procedimento adaptado à análise morfométrica das abelhas por Daly *et al.* (1982). Encontrou também as medidas de diferentes caracteres.

Kauhausen-Keller (1991) mencionou que para a discriminação de 24 raças de *Apis mellifera* de *Apis mellifera carnica*, apenas são necessárias 19 caraterísticas, 12 das quais relacionadas com a asa. De um modo geral, o comprimento da asa anterior. *Apis mellifera carnica* > 9 mm. mas em 4 raças africanas é <9 mm. Este facto pode ser útil para determinar a contribuição africana nos híbridos das duas raças.

El-bassiouny (1992) referiu que o comprimento da probóscide da abelha Carniolan era de 5,508+0,165. Collins *et al.,* (1994) relataram correlações significativas entre 25 caracteres quantitativos de abelhas operárias utilizados para a identificação morfométrica de abelhas africanizadas, calculados a partir de dados sobre colónias em Louisiana, EUA, e Mona gas, Venezuela, dois anos após a chegada das abelhas africanizadas à parte oriental da Venezuela. As abelhas do grupo da Venezuela identificaram-se como (70%) europeias com evidência de integração de genes africanizados (50%). Africanizadas com evidência de integração de genes europeus (70%) e genes africanizados (18%), indicativo de hibridação populacional, apenas para a população venezuelana, as correlações entre o comportamento defensivo e a identificação morfométrica como africanizada não foram significativas. Portanto, o comportamento defensivo por si só não é um indicador adequado para programas de identificação ou certificação em áreas de africanização.

Diniz-Filho e Bini (1994) demonstraram que a divergência morfométrica entre *Apis mellifera scutellata* e *Apis mellifera ligustica* comparando 15 caraterísticas morfológicas de amostras de 100 abelhas de cada uma dessas subespécies. Sugeriram que a hipótese de divergência dentro das populações de abelhas africanizadas na

América devido a fortes pressões selectivas não podia ser excluída simplesmente devido ao curto período de tempo (cerca de 35 anos) para a divergência.

Guzmân-Novoa *et al.,* (1994) testaram três métodos morfométricos diferentes para identificar colónias de abelhas africanizadas (*Apis mellifera L.*) e determinaram as relações correlativas entre as suas pontuações discriminantes associadas e a colónia. Comportamento defensivo das obreiras dentro e entre colónias experimentais, variação na percentagem do seu genótipo que era de origem africana. Comparação das pontuações morfométricas das colónias com dois traços de comportamento defensivo: o tempo que a primeira operária da colónia demorou a responder e a picar um alvo de couro em movimento e o número total de picadas recebidas no alvo durante um intervalo de 60 segundos após a primeira picada. Todos os métodos de identificação classificaram corretamente todas as colónias que se presumia serem 100% africanizadas ou europeias. No entanto, 45% das amostras híbridas foram classificadas como africanizadas. Em todos os casos, à medida que o nível de francização diminuía, a sensibilidade e a precisão do método também diminuíam. As correlações entre as pontuações morfométricas e o comportamento defensivo foram significativas quando os genótipos extremos foram incluídos nas análises. El-Aw *et al.,* (2012) relataram que os resultados médios dos caracteres morfológicos e biológicos das raças localizadas Carniolan e Egyptian e dos seus híbridos apresentavam diferenças significativas no comprimento da asa dianteira, comprimento da probóscide, largura do basetarsus e comprimento da tíbia. Poklukar e Kezic, (1994) efectuaram investigações morfométricas em 732 operárias de 44 colónias no apiário do Instituto Agrícola da Eslovénia. Foram medidos a área das asas anteriores e posteriores, o índice cupital, o comprimento dos pêlos no tergito 5, as superfícies laterais da tíbia, do fémur e do metatarso e o comprimento da tíbia nas patas posteriores preparadas. As caraterísticas investigadas das abelhas foram divididas em 2 grupos: o primeiro grupo incluiu os tamanhos das patas traseiras e das asas, enquanto o segundo incluiu os pêlos e o índice cupital. As caraterísticas do primeiro grupo mostraram fenótipos mais expressos e correlação genética do que as caraterísticas do segundo grupo. Todas as hereditariedades estimadas foram grandes e significativas numa seleção artificial das propriedades descritas das abelhas, os traços selecionados são alterados com mais ou menos sucesso, as caraterísticas não selecionadas são sempre um compromisso entre as relações genéticas com os traços selecionados e a seleção devida ao ambiente.

Jones (2005) mediu a temperatura e a HR no interior de colmeias vazias (A) ao sol (ao ar livre), (H) sob uma cabana ao ar livre, (C) à sombra de uma árvore e (D) sob uma luz à sombra de uma árvore. Cobrir as colmeias com sacos de artilharia húmidos reduziu as temperaturas em todas as colmeias, especialmente no grupo: os sacos de telha foram mais eficazes à tarde do que de manhã. A HR aumentou nas colmeias cobertas com sacos húmidos. Populações de colónias e áreas de criação monitorizadas em colónias de *Apis mellifera* mantidas em condições (A) com ou sem sacos húmidos nas colmeias. Nas colmeias não cobertas (A), a força das colónias diminuiu em 6-7 quadros, em média, em 1989, mas mais em 1990, quando estava mais calor. As perdas foram mais baixas nas colmeias cobertas com sacos em C e D (1-3 quadros). Em termos gerais, os declives parciais da regressão indicam que a variação dos caracteres tradicionalmente associados a processos adaptativos, como o tamanho do corpo e das asas, é melhor explicada pela posição geográfica. No entanto, caracteres geralmente considerados neutros, como o ângulo de venação da asa, foram mais associados à filogenia. Em termos gerais, o tamanho do corpo está relacionado tanto com padrões geográficos como filogenéticos (mas mais com a geografia), a venação das asas está mais relacionada com a filogenia e a cor não está correlacionada com nenhuma destas duas dimensões de variação.

Abd-Alla (1997) verificou que os valores médios do comprimento e da largura da asa anterior e do comprimento e da largura da asa posterior das operárias F1 da Carniolan eram de 9,045, 3,166. 6,628 e 1,876 mm, respetivamente. Verificou que o índice cubital era de 2,941.

Yakoub (1998) investigou os pesos corporais frescos e secos de abelhas Carniolan recém-emergidas durante diferentes períodos e descobriu que as médias do peso corporal fresco eram de 98,50 mg em março, 100,83 mg em abril e 97,26 mg em maio. As médias do peso corporal seco foram de 28,54 mg (março): 16,47 mg (abril) e 15,78 mg (maio). O índice cubital e o número de ganchos foram 2,94 e 21,57, respetivamente.

El-Banby *et al.* (1999) cruzaram raças de abelhas egípcias, Carniolan locais e italianas importadas através de inseminação artificial de abelhas rainhas para investigar a sua descendência de operárias e rainhas, em comparação com as suas raças maternas e paternas. O vigor híbrido para os caracteres biológicos da rainha, o desempenho da colónia e a maior parte da morfometria das obreiras nos cruzamentos deveram-se sobretudo a efeitos maternos.

Kandemir *et al.*, (2000) afirmaram que o comprimento da asa da operária era de 8,696-9,251 mm e a largura da asa era de 2,752 - 3,381 mm.

Oliveira *et al.* (2000) registaram que o comprimento da asa anterior 8,53- 8,78 mm e a largura da asa anterior 2,93- 3,04 mm e o comprimento da asa posterior 5,97- 6,17 mm e a largura da asa posterior 1,67- 1,74 mm.

Abd elaal (2001) afirmou que foram utilizados vinte caracteres para discriminar entre as raças puras egípcia e carniolana de abelhas e os seus híbridos. Registaram-se grandes diferenças significativas entre elas (P>0,0001). Quando se aplicou a análise discriminante, foram criados três grupos diferentes e bem separados que representam as três raças de abelhas. Os resultados indicam que a abelha egípcia *Apis mellifera lamarckii* pode ser classificada como uma raça pura.

Mostajeran *et al.* (2006) afirmaram que os caracteres morfológicos são afectados por factores ambientais e estão estreitamente relacionados com a produção de mel. As estimativas de hereditariedade dos caracteres morfológicos foram elevadas.

Sheppard e Meixner (2003) relataram que o índice Sternite 6 era de 77,99 ± 9,2 para operárias de abelhas *Apis mellifera*.

Schneider *et al.* (2003) registaram que a maior frequência de indivíduos assimétricos sugere que a abelha europeia e os seus híbridos podem ser menos aptos em relação às abelhas africanas. Verificaram também que as operárias provenientes de cruzamentos entre rainhas e zangões europeus e africanos diferem no tamanho e nas formas gerais das asas, o que pode afetar a aerodinâmica das asas e a capacidade de voo. Assim, a hibridação pode influenciar a estabilidade do desenvolvimento e a morfologia das asas. Além disso, a heterose negativa pode contribuir para a capacidade das abelhas africanas de deslocarem as raças europeias de abelhas melíferas nas regiões invasoras.

Hepburn e Radloff (2004) encontraram diferenças significativas entre países na distribuição do número de hamuli em *Apis andreniformis, A. Florea, A. cerana* e *A. Koschevnikovi*. Os números médios de hamuli para *Apis mellifera intermissa* diferiram significativamente entre localidades na Argélia. Foram encontradas diferenças significativas na variabilidade intercolonial entre países em *A.cerara*. Não se registou variabilidade intra-específica significativa em *A. andreniformis, A. Florea, A. koschevnikovi* e *A. m. intermissa*. Registam-se diferenças significativas no número médio de hamuli entre *A. m. intermissa* e *A. andreniformis, A. Florea* e *A. cerana;* também entre *A. cerana, A. koschevnikovi, A. andreniformis* e *A. Florea*. Foram encontradas diferenças significativas na distribuição e variabilidade do número de hamuli entre espécies (populações). Os números médios de hamuli de A. *andreniformis* diferiram dos de *A. florea*. As médias destas duas populações diferiram das de *A. cerana, A. koschevnikovi* e *A. m. intermissa*. Não foram encontradas diferenças significativas entre *A. cerana* e *A. koschevnikovi*. Quando a análise incluiu dados relativos a *A. dorsata, A. nigrocincta, A. m. carnica, A. m. caucasica* e *A. m. ligustica,* os resultados mostraram diferenças significativas no número de hamuli entre *A. andreniformis/A. florea* e *A. cerana/A. koschevnikovi/A. nigrocincta* e *A. m. intermissa/A. m. carnica/A. m. caucasica/A. m. ligustica*. O número de hamuli em *A. dorsata* diferiu significativamente do das outras populações, exceto *A. m. intermissa*. Estes resultados mostram que os números de hamuli são úteis para a classificação das populações de abelhas. A utilidade dos hamuli numa análise multivariada depende da correlação entre o número de hamuli e os outros caracteres utilizados.

Robertson e Wanner (2006) afirmaram que um ambiente de colmeia acolhedor e uma relação multi-estática com as plantas podem explicar a falta de expansão da família. A família é o exemplo mais dramático de expansão da família de genes no genoma da abelha e a caraterização da sua expressão genética específica da casta e do sexo pode fornecer pistas sobre os seus papéis específicos na deteção de feromonas, parentes e odores florais.

Abdel Aziem (2007) mencionou que os valores médios do comprimento da asa anterior para a descendência de operárias de abelhas egípcias provenientes da região de Assuit foram de 7,126, 7,170 e 7,010 mm em três anos de estudo. Os da região de Siwa foram de 6,870, 6,860 e 6,873 mm, respetivamente. Os valores médios da largura da asa anterior direita para a descendência de operárias provenientes da região de Assuit foram de 2,400, 2,400 e 2,426 mm, respetivamente.

O comprimento médio do submento da região de Assuit foi de 0,420, 0,400 e 0,400 mm e o comprimento médio do submento da região de Siwa foi de 0,400, 0,410 e 0,420 mm. O comprimento médio do mento foi de 1,373, 1,340 e 1,350 mm em três anos na região de Assuit e de 1,363, 1,340 e 1,350 mm na região de Siwa em três anos, respetivamente. O comprimento médio da glossa na região de Assuit foi de 3,076, 3,106 e 3,100 mm, em três anos e de 3,00, 2,96 e 2,996 mm na região de Siwa, os valores médios do fémur posterior para a região de Assuit foram de 1,82, 1,81 e 1,843 mm em três anos, respetivamente. As médias do comprimento da tíbia posterior para o trabalhador durante três anos na região de Assuit foram de 2,183, 2,166 e 2,200 mm e na região de Siwa foram de 2,140, 2,110 e 2,160 mm, respetivamente. Os valores médios do comprimento do basitarso posterior foram de 1,673, 1,686 e 1,696 mm em Assuit e de 1,630, 1,666 e 1,653 mm em Siwa. As médias da largura do basitarsus posterior para a progenitura de Assuit em três anos foram 0,900, 0,910 e 0,880 mm. As médias do comprimento do primeiro espelho de cera para as operárias da região de Assuit foram de 1,246, 1,226 e 1,236 mm. Enquanto que as médias para os trabalhadores da região de Siwa foram 1,260, 1,193 e 1,186 mm. Os valores médios da largura do primeiro espelho de cera foram de 1,793, 1,813 e 1,800 mm na região de Assuit, ao passo que na região de Siwa foram de 1,723, 1,750 e 1,750 mm.

2. 6. 1. Temperatura da colmeia.

Alattal e AlGhamdi, (2015) indicaram que as taxas de sobrevivência foram monitorizadas entre três subespécies de abelhas melíferas em duas regiões ecológicas de Riade, na Arábia Saudita, caracterizadas por um clima desértico e AlBaha, que se assemelha a um clima semi-árido. A frequência das perdas de colónias foi contada e categorizada em três intervalos de temperaturas máximas mensais (20-28, 29-37 e 38-46⁰ C) durante 24 meses. Das 420 colónias incluídas neste estudo, 101 colónias conseguiram sobreviver durante todo o período de avaliação. As taxas de sobrevivência entre subespécies estavam altamente associadas a intervalos de temperatura e eram significativamente diferentes entre as duas regiões ecológicas (Riyadh e AlBaha). A maior parte destas perdas (76%) ocorreu nos meses de verão, agosto e setembro, quando a temperatura média máxima mensal varia entre 38-46⁰ C. As perdas mais elevadas foram registadas nas subespécies de abelhas exóticas: *Apis mellifera carnica* (92%) e *Apis mellifera ligustica* (84%), em comparação com (46%) nas colónias de abelhas locais, *Apis mellifera jemenitica*. Aparentemente, as temperaturas ambientes extremas durante o verão são altamente prejudiciais para as colónias de abelhas exóticas. Além disso, o ácaro Varroa e o *Nosema* spp. foram as principais pragas que podem contribuir para a perda de colónias durante o período do estudo. Os resultados indicam a baixa tolerância das subespécies de abelhas exóticas às temperaturas extremas da Arábia Saudita durante o verão, pelo que a seleção e a conservação da raça autóctone de abelhas melíferas são altamente necessárias

2.2.2.   Temperatura e termorregulação na colmeia.

(Winston, (1987) e Tautz, (2008) indicaram que muitos insectos "aquecem os seus músculos de voo antes de levantar voo, mas as abelhas exploraram esta função para regular termicamente o seu ambiente. A temperatura do ninho de criação é de extrema importância para a colónia e é controlada com a máxima precisão. As abelhas mantêm a temperatura do ninho de criação entre 32°C e 35°C, o que é ótimo, para que a criação se desenvolva normalmente. Quando a temperatura do ninho é demasiado baixa, as abelhas geram calor metabólico contraindo e relaxando os seus músculos de voo (depois de terem desacoplado as asas). A vibração resultante gera calor nesses músculos.

Danforth, (1999) afirmou que as abelhas (série Apiformes, superfamília Apoidea) são mais diversificadas nas regiões áridas do mundo. As regiões áridas (desérticas e semi-desérticas) caracterizam-se por estações chuvosas discretas e por uma extrema variabilidade temporal da precipitação. Este artigo documenta vários mecanismos novos através dos quais uma espécie de abelha do deserto (*Perdita portalis*) lida com condições duras e imprevisíveis em habitats xéricos. É provável que estes mesmos mecanismos estejam presentes em diversas famílias de abelhas. Em primeiro lugar, as abelhas diapausas *P. portalis* seguem um padrão de emergência de "bet-hedging", de tal forma que apenas cerca de metade das larvas se tornam pupas em condições óptimas.

Em segundo lugar, a emergência depende das condições, de modo que as larvas com um peso corporal médio baixo têm uma probabilidade significativamente maior de emergir do que as larvas com um peso corporal médio mais elevado em condições semelhantes. Por último, a emergência das larvas é induzida pela exposição a uma humidade elevada (precipitação). Os paralelos entre as larvas de abelhas e as sementes de angiospérmicas em ambientes áridos são impressionantes. Em ambos os casos, há uma clara evidência de bet hedging, a emergência (ou germinação) depende do estado das larvas (ou sementes) e a precipitação desencadeia a emergência (ou germinação). Estes padrões de emergência são importantes para compreender a diversidade de espécies de abelhas em regiões áridas.

Al-Ghzawi (2001) estudou os ciclos sazonais da *Apis mellifera syriaca* nas condições do deserto jordano. Esta experiência foi realizada no norte de Badia, na Jordânia, durante 1997 e 1998, para investigar a viabilidade da apicultura nesta região árida. Foram utilizadas 12 colónias de *Apis mellifera syriaca*. Metade das colónias permaneceu em Badia durante o período experimental (colmeias fixas) e as restantes foram transportadas entre a área de estudo e o Vale do Jordão (colmeias migratórias). Os resultados mostraram que as colónias iniciaram a sua atividade de criação em Badia durante as fases iniciais do fluxo de néctar e da produção de pólen em janeiro, mas esta atividade caiu quase para zero no final de agosto. Os picos de criação ocorreram em março e junho. As populações adultas máximas de toda a estação verificaram-se durante os meses de abril e julho, caindo para o mínimo do ano em dezembro. O comportamento das colónias migratórias foi muito semelhante ao das colónias estacionárias. A atividade sazonal de criação e a população de abelhas adultas nos dois grupos de tratamento mostraram a mesma tendência geral no segundo ano. A produção média anual de mel foi estimada em 10 kg por colónia para as colmeias fixas e em 6 kg por colónia para as colmeias migratórias.

Rabe, (2005) verificou que (*A. mellifera*), abelhas melíferas africanas híbridas entre subespécies africanas (*Apis mellifera scutellata*) e europeias ocidentais (*Apis mellifera mellifera*) e europeias orientais (*Apis mellifera caucasica, Apis mellifera carnica*, e *Apis mellifera ligustica*) estão amplamente distribuídas em áreas urbanas do sudoeste dos EUA. No entanto, pouco se sabe sobre a sua distribuição nas regiões rurais. Coletamos abelhas em 54 locais em uma área de estudo de 5350 km2 no deserto de Sonora, no sudoeste do Arizona. Utilizámos a análise do *ADN* mitocondrial (*ADNmt*) de abelhas operárias individuais (10/locais) para avaliar a genética das colónias na área de estudo. Entre as abelhas recolhidas, 86,9% possuíam mtDNA africano. *O mtDNA da* Europa Ocidental, da Europa Oriental e do Egito (*Apis mellifera lamarckii*) estava presente em 5,6, 4,1 e 3,4% das abelhas recolhidas, respetivamente. Não se verificou qualquer relação aparente entre a percentagem de abelhas com mtDNA africano e a distância aos campos agrícolas ou a elevação do local de recolha. A preponderância das abelhas africanizadas confirma estudos e previsões anteriores relativamente à sua distribuição no sudoeste dos EUA.

Jones *et al.* (2004) demonstraram que a temperatura da criação tende a ser mais estável em colónias geneticamente mais diversificadas (muitos paternalistas) do que em colónias geneticamente uniformes (um ou poucos paternalistas). A investigação demonstrou que mesmo pequenos desvios (mais de 0,5°C) das temperaturas óptimas da criação têm uma influência significativa no desenvolvimento da criação e na saúde das abelhas adultas daí resultantes.

Tal como as abelhas têm de aquecer a criação, também as abelhas têm de a arrefecer ocasionalmente, embora no Norte e no Centro da Europa o arrefecimento seja muito menos necessário do que o aquecimento. No entanto, mesmo curtos períodos de calor excessivo podem danificar a criação. Para o efeito, as abelhas recorrem à ventilação, à evaporação da água e mesmo à evacuação parcial do ninho.

Jones e Oldroyd (2006) O controlo térmico rigoroso do clima do ninho e especificamente da zona de criação, que é altamente sensível às flutuações de temperatura, é conseguido das seguintes formas Células de criação com tampa aquecidas pelas abelhas, que pressionam firmemente as suas torácicas sobre as tampas das células e transferem o calor para a pupa por baixo da tampa da célula. Desta forma, apenas uma célula é aquecida e uma abelha aquecedora pode manter-se nesta posição até 30 minutos, enquanto o seu tórax se encontra a cerca de 43°C. A fim de minimizar a dissipação do calor produzido por estas abelhas aquecedoras, as outras abelhas são amontoadas no favo à sua volta. A outra forma, ainda mais eficaz, de aquecer a criação é através de abelhas aquecedoras que ocupam células vazias estrategicamente posicionadas na zona de criação. A zona de criação fechada do favo contém normalmente 5 a 15% de células vazias. A percentagem de células vazias varia em função do clima exterior. A presença de mais de 20% de células vazias na criação de todos os estádios pode ser um sinal de uma situação anormal na colónia. As abelhas aquecedoras, que entram na célula com a cabeça e o abdómen a pulsar, povoam estas células vazias. Têm também uma temperatura média do tórax de cerca de 43°C. Enquanto as outras abelhas não aquecedoras têm uma temperatura corporal semelhante à do ambiente.

Tucak *et al.* (2007) estudaram a influência da origem botânica das plantas melíferas (*Tilia sp.* (*tília*), *A.morpha fruticosa* (falso anil do deserto), *Helianthus annuus* (girassol), *Brassica napus subsp.* oleifera (beterraba oleaginosa) e *Robinia pseudoacacia* (acácia)) na qualidade de 133 amostras de mel colhidas em diferentes tipos de colmeias [Albert-Zindarsic (AZ), Langstroth-Root (LR) e Dadant-Blatt (DB)] no condado de Vukovar-Srijem, Croácia. As propriedades físico-químicas (% de água, % de compostos insolúveis em água, nível de acidez, mmol de ácido por kg, condutividade eléctrica, ms/cm, % de açúcar redutor, % de sacarose, HMF, mg/kg e número de diastase) das amostras de mel foram determinadas utilizando os métodos harmonizados da European Honey. A análise do pólen foi efectuada segundo os métodos harmonizados de melissopalinologia. A análise do pólen indicou que a origem botânica teve uma influência estatisticamente significativa (P<0,001) em todas as caraterísticas investigadas do mel, exceto na percentagem de substâncias não dissolventes (P=0,088). Todas as abelhas utilizadas nesta investigação pertencem à abelha Carniolan (*Apis mellifera carnica*), a espécie de abelha europeia.

Tautz, (2008) indicou que as abelhas aquecedoras actuam para aquecer a criação e, para o conseguir, gastam enormes quantidades de energia sob a forma de mel altamente concentrado, que lhes é trazido por outras abelhas dos armazéns. Ocasionalmente, utilizam o néctar da zona de criação, mas este combustível não é de tão alta qualidade como o mel maduro que é transferido de boca em boca.

Becher *et al.*, (2009) curiosamente, as temperaturas de desenvolvimento da pupa afectam a probabilidade de atribuição de tarefas nas abelhas adultas resultantes.

Shaibi *et al.* (2009) verificaram, através de análises morfométricas clássicas, que as abelhas da Líbia amostradas em locais costeiros e desérticos são nitidamente diferentes das populações adjacentes de *abelhas A. m. intermissa* da Tunísia e da Argélia e das populações de *A. m. lamarckii* do Egito. O morfotipo estava mais estreitamente relacionado com *A. m. sahariensis* e, com base nos ângulos de venação das asas, mostrou afinidades com *A. m. jemenitica*, indicando que as populações amostradas podem ser derivadas de uma população de abelhas do Sara anteriormente alargada durante o Holoceno pluvial. As semelhanças morfométricas dispersas com a abelha europeia *A. m. ligustica* sugerem que a importação de abelhas de Itália pode ter tido apenas um impacto menor nas populações endémicas de abelhas da Líbia. As medidas de conservação podem ser particularmente adequadas para populações de oásis remotos, que podem ser verdadeiras populações relíquias do Holoceno.

Gotlieb *et al.* (2011) afirmam que a conversão de habitats naturais em povoações humanas cria um habitat alternativo com caraterísticas biofísicas diferentes, como as condições microclimáticas e a disponibilidade de recursos. Os desertos são especialmente sensíveis a esses efeitos devido aos níveis geralmente baixos de nutrientes e à disponibilidade de água. Os jardins das povoações humanas no deserto são frequentemente uma fonte principal de espécies vegetais exóticas que proporcionam amplos recursos de forragem durante todo o ano. Estas mudanças na composição e disponibilidade floral podem alterar a composição da comunidade de polinizadores e o comportamento de forrageamento, bem como as caraterísticas da rede de polinização. Investigámos os efeitos da jardinagem no deserto nas comunidades de polinizadores e nas redes de polinização no Vale do Rift do Jordão (Israel), uma paisagem agro-natural árida a sul do Mar Morto. Estudámos os padrões de diversidade sazonal de plantas e abelhas selvagens em habitats naturais e em jardins de povoações. As abelhas selvagens e as plantas em flor foram amostradas de fevereiro a julho em 2007 e em 2008. Construímos redes de plantas-polinizadores e comparámos as comunidades de abelhas entre os dois tipos de habitat ao longo da estação. Verificámos que a abundância de abelhas era maior nos jardins e que a riqueza de espécies de abelhas rarefeitas era maior no habitat natural. A riqueza e a abundância de espécies de abelhas apresentaram padrões sazonais contrastantes entre os habitats. A composição da comunidade de abelhas também diferiu muito entre os habitats, e as espécies nos jardins tinham uma distribuição geográfica geralmente mais alargada em comparação com as espécies no habitat natural. Também encontrámos um maior nível de generalização da rede de polinização nos jardins em comparação com o habitat natural, o que pode indicar uma resposta a um ambiente perturbado e instável. Concluímos que a jardinagem no deserto, embora promova a abundância global de abelhas, afecta negativamente a riqueza de espécies e altera a composição da comunidade e as caraterísticas da rede, com possíveis implicações para a composição da flora nativa no habitat natural que rodeia os jardins.

Al-Ghamdi *et al.* (2013) afirmaram que as raças de *Apis mellifera L.* evoluíram devido a longos períodos de isolamento geográfico e adaptação ecológica entre estas subespécies, *A. m. jemenitica* (Ruttner, 1976) é particularmente interessante porque é a única raça relatada a ocorrer naturalmente em África e na Ásia. De acordo com a literatura, a sua distribuição natural é extremamente ampla, estendendo-se por 4.500

km desde a Península Arábica até à África Ocidental. No entanto, as diferentes populações de *A. m. jemenitica* apresentam um elevado grau de variação morfométrica. Além disso, as classificações publicadas da subespécie não são concordantes; diferentes nomes, incluindo *A. m. nubi, A. m. Sudanensis* e *A. m. bandasii*, foram aplicados a diferentes populações de *A. m. jemenitica.* Embora *a A. m. jemenitica* africana e a *A. m. jemenitica* asiática sejam morfometricamente semelhantes, os dados genéticos não demonstraram que *a A. m. jemenitica* africana seja geneticamente mais próxima da *A. m. jemenitica asiática* do que das subespécies africanas adjacentes e contíguas, como a *A. m. litorea, a A. m. adansonii* e *a A. m. scutellata,* que trocam genes continuamente. Além disso, os grupos africanos e asiáticos diferem em termos de comportamentos migratórios, agressivos e de criação de crias. Assim, é questionável classificar os grupos asiáticos e africanos de *A. m. jemenitica*, geograficamente isolados, como uma única raça de abelhas. A outra questão importante é que os actuais locais de origem da *A. m. jemenitica* (perto da Ásia Oriental e da África Oriental) foram sugeridos como a origem geográfica da *A. mellifera*. A existência de populações muito semelhantes em ambos os continentes pode apoiar a sugestão de que uma destas duas regiões pode ser o centro de origem e diversificação da *Apis mellifera.*

Medrzycki *et al.*, (2013) As abelhas criadas a temperaturas abaixo das óptimas são mais susceptíveis a certos pesticidas quando adultas.

(Alattal *et al.*, (2014a) afirmaram que a disseminação e a utilização de subespécies de abelhas exóticas na Arábia Saudita representam um risco significativo para a conservação da abelha indígena *Apis mellifera jemenitica*. As consequências da importação de abelhas melíferas na estrutura populacional e na diversidade das populações de *Apis mellifera jemenitica* foram investigadas utilizando marcadores de microssatélites. Os resultados demonstraram uma elevada diversidade genética na população de abelhas nativas, em comparação com outras subespécies relacionadas. Através da abordagem Bayesiana das variações de microssatélites, podem distinguir-se dois grupos com um elevado nível de integração entre subespécies importadas e nativas. Os elevados níveis de integração e a hibridação intensiva implicam a implementação urgente de uma estratégia de conservação da abelha nativa.

Adgaba *et al.*, (2016) afirmaram que *Apis mellefera jemenitica* é a raça mais pequena de *A. mellifera,* tanto *em termos de* tamanho do corpo como da colónia. Ao estudar o volume natural do ninho, as dimensões das células de criação das obreiras e o espaço das abelhas da raça através da medição das suas dimensões a partir de favos construídos naturalmente em colmeias de toros. O volume ideal da colmeia e a necessidade de área de superfície foram avaliados mantendo as colónias em diferentes volumes de colmeias de quadros com quatro réplicas cada e monitorizadas durante um período de um ano. O volume médio do ninho ocupado e a área de superfície do favo da raça em colmeias de madeira foram 12,28±5,98 e 8017,2±3110,60 cm2, respetivamente, que são significativamente menores do que outras raças de *Apis mellifera.* A largura e a profundidade das células de criação de operárias da raça foram de 4,07±0,17 mm e 9,39±0,42 mm, respetivamente, e a raça constrói uma média de 262,5 células de criação de operárias/dm2 a mais do que as construídas em folhas de fundação em relevo. A raça mantém uma média de 7,27±1,35 mm de espaço para abelhas e constrói naturalmente mais 30% de favos por unidade de comprimento do que as outras raças. Com base no desempenho das colónias, as colmeias de caixa com sete quadros padrão foram consideradas as melhores para a raça na região. O estudo indica a importância de conceber colmeias de caixa e acessórios que correspondam aos volumes naturais dos ninhos, ao seu corpo e ao tamanho das colónias, o que pode contribuir para aumentar a produtividade da raça.

3. MATERIAL E MÉTODOS

3.2. Localidade de experimentação.

Uma experiência de campo realizada em Rafaha, no Nordeste da Arábia Saudita, durante a época de verão de 2011. A cidade de Rafaha está localizada na capital da província de Riade, na Arábia Saudita. A cidade está situada a 29,36 N de latitude e 43,49 E de longitude, com uma altitude de 449 metros acima do nível médio do mar.

3.3. Clima.

A temperatura da cidade de Rafaha na temporada de verão durante o mês de agosto-setembro atinge 48°C e a humidade relativa foi de 9% RH (máx. 14, mini. 4% RH). Velocidade do vento 10 km/h (máx. 28km/h) e precipitação durante a temporada de verão zero mm. Os dados sobre as condições climáticas de Rafaha na época de verão (2011) foram recolhidos do registo climático da estação do aeroporto, que se situava perto do local da experiência.

3.4. Conceção da experiência.

A experiência foi concebida como um desenho completo aleatório (DCL) contendo dois grupos com os tratamentos distribuídos aleatoriamente dentro destes quarenta colónias das duas raças divididas em dois grupos. O primeiro grupo é constituído por 20 colónias, 10 colónias representam *Apis mellifera (carnica- lamarckii)* híbrida e as outras 10 colónias representam *Apis mellifera jemenitica*, este grupo está localizado dentro da tenda. O segundo grupo é constituído por 20 colónias, 10 colónias representam *Apis mellifera (carnica- lamarckii)* híbrida e 10 colónias representam *Apis mellifera Jemenitica*, estando este grupo localizado no exterior da tenda. Foi utilizado um espaçamento de 2m*2m de uma colmeia para outra.

3.5. Preparação das colónias nas suas colmeias.

Cada colmeia é preparada com quatro quadros de cera de base e fornecida com um pacote de 1,25 kg de abelhas transportadas do Egito e do Sul da Arábia Saudita numa caixa com rede metálica em dois lados opostos. As embalagens mais populares contêm 1,25 kg de abelhas adultas, sem criação nem favos, e cada embalagem inclui uma rainha acasalada. As rainhas dos pacotes são colocadas em gaiolas separadas para que o destinatário se possa certificar de que ela está presente e viva. Os pacotes também são enviados com um alimentador especial para sustentar as abelhas durante o transporte para o local da experiência.

Figura 2: Embalagem de abelha contém 1,25 kg de operárias adultas com rainha em gaiola.

3.6. Instalação da embalagem.

O Honeybee Package instala-se imediatamente após a sua receção numa colmeia, o mais rapidamente possível, sendo depois alimentado com xarope de açúcar. O pacote é instalado ao fim da tarde, quando o sol se põe, de modo a desencorajar o voo. O pacote é instalado na colmeia na época em que a árvore *Ziziphus spina Christi* começa a florir.

3.7. Medidas morfométricas.

Para efetuar estudos morfométricos, dez abelhas operárias de cada raça foram conservadas em etanol a 70% e depois dissecadas de acordo com Ruttner *et al.*, (1978). As partes do corpo foram montadas em lâminas que foram depois digitalizadas utilizando um scanner de alta resolução (600 ppi) de acordo com Alghamdi *et al.*, (2012).

3.8. Conceção da tenda.

Nesta experiência, foi utilizada uma tenda de conceção própria, fechada de todos os lados para proteger as abelhas da velocidade do vento. A dimensão da tenda é de 5 metros de largura * 8 metros de comprimento * 3 metros de altura a partir do meio e 2 metros de altura de cada lado, como mostra a figura 3.

A tenda é feita de tecido 100% algodão, sendo a parte superior coberta com um tecido de algodão muito fino com um pequeno espaço entre as suas texturas para permitir a entrada de luz solar no interior da tenda, como na figura 4. Existem duas entradas no teto da tenda para serem utilizadas como saída e entrada de abelhas, como na figura 5.

Figura 3: Tenda especial utilizada na experiência.

Figura 4: A cobertura lateral superior da tenda apresentava um tecido de algodão muito fino com um pequeno espaço entre as suas texturas para permitir a entrada de luz solar no interior da tenda.

Figura 5: A entrada e a saída das abelhas no teto superior da tenda

3.9. Instrumentos de medição.

3.9.2.　actividades da colónia.

Quadro dividido por arames finos em polegadas e utilizado para medir a superfície da criação de obreira selada, da criação de zangão selada e do mel e pólen armazenados. Quadro Standerd Hofman utilizado numa colmeia Langstroth, dividido em 133 polegadas quadradas. Este quadro é colocado sobre qualquer favo em que se pretenda contar as diferentes superfícies. O período de intervalo de 12 dias entre cada medição, este método de contagem foi de acordo com (Al-Tickrity *et al.*, 1971). Taha (2006) mencionou que o peso dos grãos de pólen armazenados para uma célula e para um quadrado de uma polegada em gramas é de 0,1459 e 3,64 gm, respetivamente.

3.9.3.　Detetor de temperatura e humidade.

Foi utilizado um sensor de temperatura e humidade para medir a temperatura e a humidade no interior das colmeias durante um período de 12 dias. A temperatura e a humidade foram registadas às 6:00, 12:00 e 18:00 horas do dia.

Os termómetros digitais da série DT-3 da ELITECH (Figura 6) utilizados para medir a temperatura e a humidade (primeiro grupo, nas colmeias e na tenda. O segundo grupo, nas colmeias e no exterior) dispõe de uma pilha alcalina de 7 pilhas (1,5 V), com uma resolução de 0,1°C para a temperatura ou de 1% para a humidade relativa, medindo as temperaturas no exterior entre -50 e 70°C ou no interior entre -30 e 50 ±1°C. Este instrumento digital de humidade pode detetar a humidade até 99 ±5 %. Dispõem também de um visor LCD brilhante com duas secções de temperatura e uma secção de humidade, todas medidas simultaneamente.

3.9.4.　Métodos estatísticos.

Os parâmetros foram analisados utilizando o Modelo Linear Geral (GLM). As diferenças médias entre os grupos de tratamento foram comparadas utilizando o teste da diferença mínima significativa (LSD) a um nível de significância de 0,05, os dados morfométricos foram analisados utilizando a análise descritiva e ANOVA para a análise da diferença de variância e foram apresentados como média ± desvio padrão.

As correlações entre as actividades das abelhas e as alterações climáticas foram calculadas utilizando os métodos de correlação de Pearson. Todas as análises estatísticas foram efectuadas com o programa SAS 9.1.3 SAS (2006).

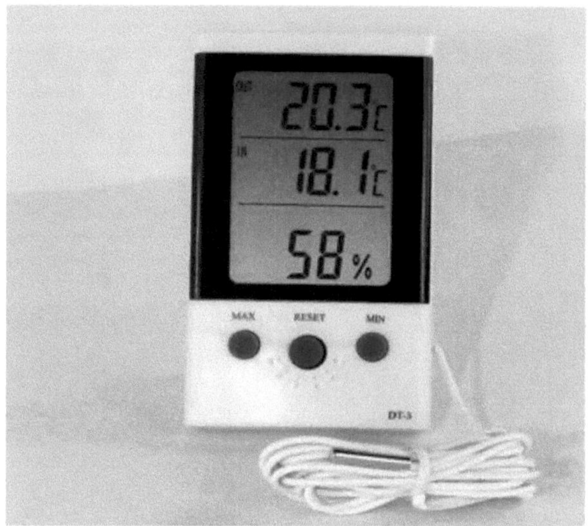

Figura 6: Os termómetros digitais da série DT-3 da Elitech dispõem de uma bateria alcalina de 7 pilhas (1,5 V), com uma resolução de 0,1º C de temperatura ou 1 % de humidade relativa.

4. RESULTADOS.

4.1. Caraterísticas morfométricas *de Apis melliefra jemenitica* **e** *do* **híbrido** *Apis melliefra (carnica- lamarckii).*

As abelhas melíferas desempenham um papel fundamental como polinizadores em zonas desérticas, pelo que o tipo de raças de abelhas melíferas é importante para a sobrevivência nestas condições difíceis do deserto. No presente estudo, os dois tipos de abelhas *Apis mellifera jemenitica* e *Apis mellifera (carnica- lamarckii)* híbrida têm diferentes caracterizações morfométricas e foram submetidos a um desenho experimental para comparar as suas actividades em condições desérticas. A análise de variância (ANOVA) para os caracteres morfológicos entre *A. melliefra jemenitica* e *Apis mellifera (carnica- lamarckii)* híbrida mostrou que existe uma diferença significativa em cada um dos comprimentos da probóscide, índice cubital e tergitos coloridos (T3 e T4), como se mostra no quadro (2) e no histograma (1).

Quadro 2: Caraterísticas das abelhas *Apis melliefra jemenitica* **e** *Apis melliefra (carnica- lamarckii)* **híbridas Média (mm)±SD.**

Carácter	*Apis melliefra jemenitica*	Híbrido de *Apis melliefra (carnica- lamarckii)*	Valor P
probóscide L	4.8±0.4	5.1±0.14	0.035*
F W L	8.0±0.1	7.99±0.18	0.678
F W W	2.8±0.1	2.82±0.07	0.153
Índice cubital	2	2.8	0.001**
tergito 3 L	1.8±0.1	1.79±0.06	0.263
tergito 4 L	1.8±0.1	1.73±0.06	0.083
tergitos 3 + 4 L	3.6±0.1	3.5±0.06	0.346
Fémur L	2.4±0.1	2.41±0.06	0.578
Tíbia L	2.9±0.1	2.96±0.08	0.584
mtr L	1.8±0.1	1.79±0.07	0.126

mtr W	1.1±0.0	1.06±0.06	0.968
Perna traseira L 3+2+1	7.2±0.2	7.16±0.12	0.440
Espelho de cera L	1.2±0.0	1.26±0.06	0.099
Espelho de cera T	1.9±0.1	1.94±0.07	0.957
Cor (T3)	8.0±0.0	3.90±3.31	0.002**
Cor (T4)	4.4±0.5	1.60±2.07	0.001**

L = comprimento W = largura mtr = Metatarso FW= Asa anterior

T3= Tergito T4= Tergito 4   *= significativo **= muito significativo

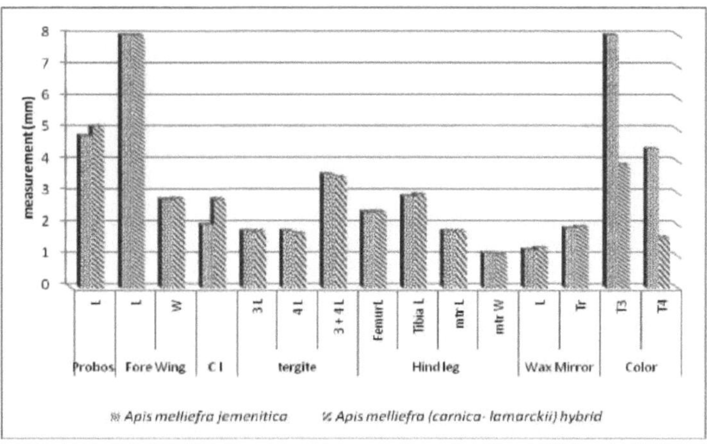

Hist.1: Caracteres das abelhas híbridas *Apis melliefra jemenitica* e *Apis melliefra (carnica-lamarckii)* (Média).

4.2. Atividade das colónias

4.2.2.   Dentro da tenda.

A atividade das colónias de *Apis mellifera jemenitica* e *Apis mellifera (carnica-lamarckii)* híbrida no interior da tenda foi registada no quadro (3) Histo. (2,3 e 4). Os dados mostraram uma diferença altamente significativa entre cada uma das áreas totais de mel armazenado (252,5±103,7 em² e 372,4±88 em²) mais do que entre as áreas seladas de criação de zangões (8,7±5,2 e 2,3±2,4 itf), respetivamente.

Verificou-se uma diferença significativa entre *Apis mellifera jemenitica* e *Apis mellifera (carnica-lamarckii)* híbrida para a temperatura média da colmeia às 06:00 horas, que registou 28,7±1,6 e 24,8±1,6° C, respetivamente. A percentagem de humidade da colmeia para *A. m. jemenitica* e *Apis mellifera (carnica-lamarckii)* híbrida registou uma diferença significativa entre elas, quer às 06h00 (38,4±5,1 vs 42,1±4,6%), quer às 12h00 (20,2±4,5 % vs 28,3±3,4%) ou às 18h00 (18,7±2,6% vs 25,7±3,6%).

Os dados também mostraram que não há diferenças significativas entre as duas raças de abelhas no que diz respeito aos parâmetros de permanência, favos cobertos com abelhas adultas (CCAB), células de criação de operárias seladas e áreas de pólen armazenado e a temperatura da colmeia, quer às 12:00 horas, quer às 18:00 horas.

Quadro 3: Actividades das colónias de *Apis mellifera Jemenitica* e *Apis mellifera (carnica- lamarckii)* híbrida no interior da tenda (média±SD).

Atividade	*Apis mellifera Jemenitica*	*Híbrido de Apis mellifera (carnica -lamarckii)*	Valor P	Sig.
CCAB	6.2±1.9	6.8±2.3	0.328	NS
Operária selada Células de criação/ em^2	201.2±88.9	242.2±100.03	0.099	NS
Ninhada de zangões selados / iir	8.7±5.2	2.3±2.4	0.001	HS
Mel de abelha/em2	252.5±103.7	372.4±88.3	0.001	HS
Pólen / in2	33.8±13.2	30.4±10.8	0.275	NS
Temperatura da colmeia (° C) 6: am	28.7±1.6	24.8±1.6	0.037	S
Temperatura da colmeia (° C) 12: md	34.3±2.2	35.8±1.0	0.312	NS
Temperatura da colmeia (° C) 6: pm	34.7±1.2	34.1±1.2	0.054	NS
Humidade da colmeia (%RH) 6: am	35.4±5.1	42.1±4.6	0.004	HS
Humidade da colmeia (%RH)	20.2±4.5	28.3±3.4	0.001	HS

| 12: md | | | | |
| Humidade da colmeia (%RH) 6 : pm | 18.7±2.6 | 25.7±3.6 | 0.001 | HS |

CCAB = Pentes Cobertos com Abelhas Adultas md= meio-dia

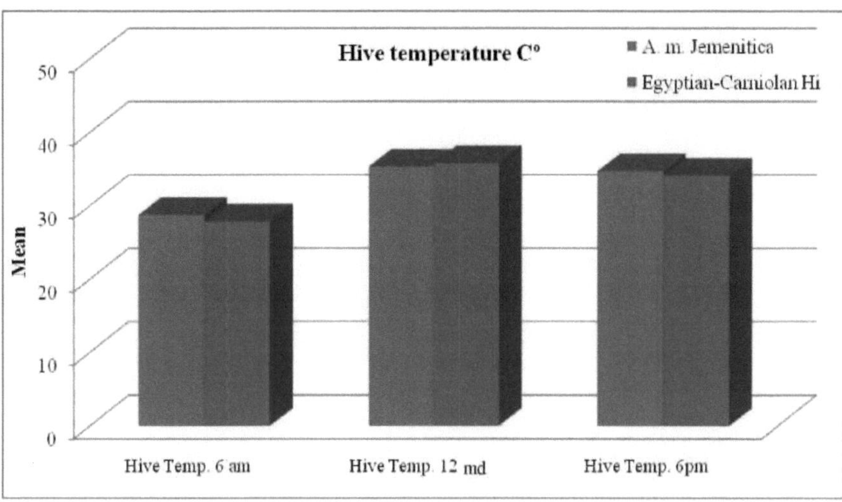

Hist.2: Temperatura da colmeia de *Apis mellifera (carnica- lamarckii)* híbrida e *Apis mellifera jemenitica* dentro da tenda.

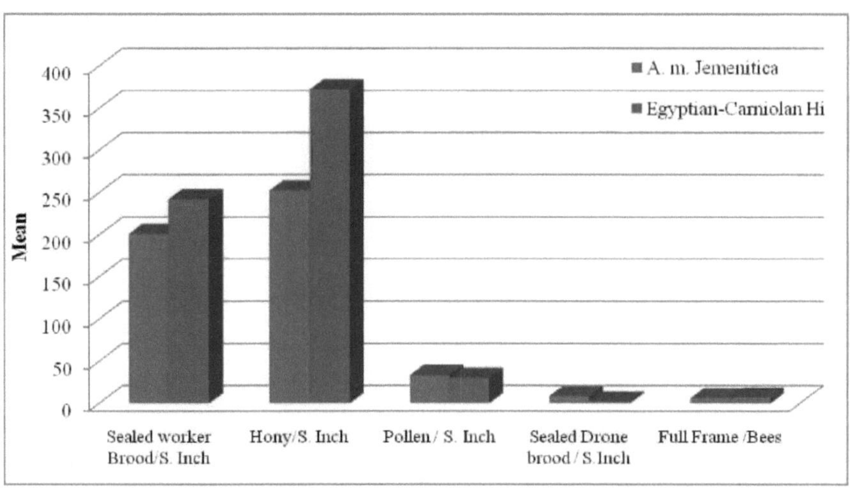

Hist. 3: Actividades das colónias de *Apis mellifera (carnica- lamarckii)* híbrida e *Apis*

39

mellifera jemenitica no interior da tenda.

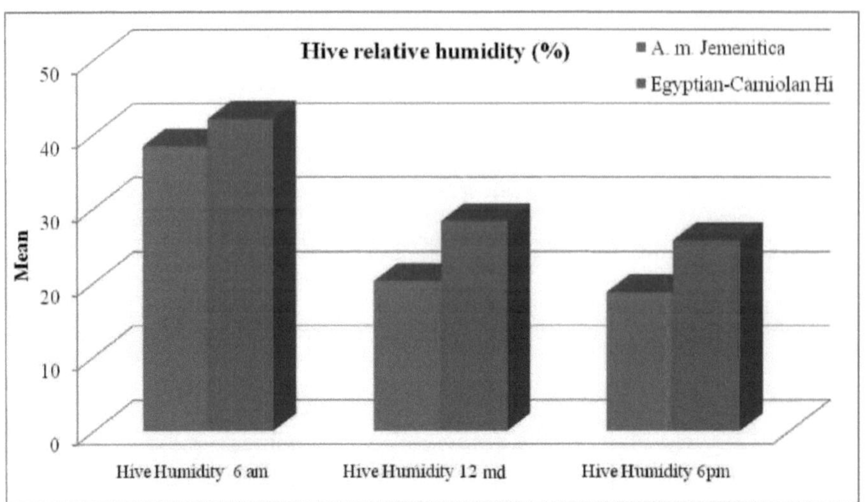

Hist. 4: Humidade relativa da colmeia de *Apis mellifera (carnica- lamarckii)* híbrida e *Apis mellifera jemenitica* no interior da tenda.

4.2.3. Fora da tenda.

Os resultados obtidos, registados no quadro (4) e ilustrados no histograma (5, 6 e 7), não revelaram diferenças significativas entre *Apis mellifera jemenitica* e *Apis mellifera (carnica-lamarckii)* híbrida, quer para os favos cobertos com abelhas adultas, quer para a criação de obreira selada e para o pólen armazenado, por outro lado, as diferenças significativas elevadas aparecem tanto na criação de zangão selada como na quantidade total de mel armazenado.

A temperatura dentro da colmeia apresenta uma diferença muito significativa entre *Apis mellifera jemenitica* e *Apis mellifera (carnica- lamarckii)* híbrida às 6:00 da manhã. As outras duas horas não registaram diferenças significativas entre as duas estirpes. A percentagem de humidade relativa nos três horários anteriores (06:00h, 12:00hd e 18:00h) mostrou uma diferença altamente significativa entre *Apis mellifera jemenitica* e *Apis mellifera (carnica- lamarckii)* hybrid, tabela (4) e histo. (5, 6 e 7).

Quadro 4: Actividades de *Apis mellifera jemenitica* e *Apis mellifera (carnica-lamarckii)* híbrida fora da tenda (média ± DP).

Actividades	*Apis mellifera Jemenitica*	Híbrido *Apis mellifera (carnica -lamarckii)*	Valor P	Sig.
CCAB	5.8±1.7	6.4±2.1	0.207	NS
Ninhada de operárias selada/em^2	171.2±114.8	197.3±144.1	0.442	NS
Ninhada de zangões selada /In^2	6.9±4.3	3.0±3.4	0.001	HS
Mel/ Em^2	217.4±132.5	361.3±157.4	0.001	HS
Pólen / In^2	37.2±15.0	36.2±11.6	0.767	NS
Temperatura da colmeia (º C). 6 horas	28.6±2.0	22.4±1.5	0.001	HS
Temperatura da colmeia (º C). 12 md	37.1±2.8	36.6±0.9	0.329	NS
Temperatura da colmeia (º C). 18h	31.8±1.6	32.4±1.4	0.326	NS
Humidade da colmeia (%RH) 6: am	40.0±4.0	48.6±3.5	0.001	HS
Humidade da colmeia (%RH) 12: md	25.0±4.1	35.2±3.9	0.001	HS
Humidade da colmeia (%RH) 6: pm	23.7±3.3	31.7±4.0	0.001	HS

NS= Não significativo HS= Muito significativo

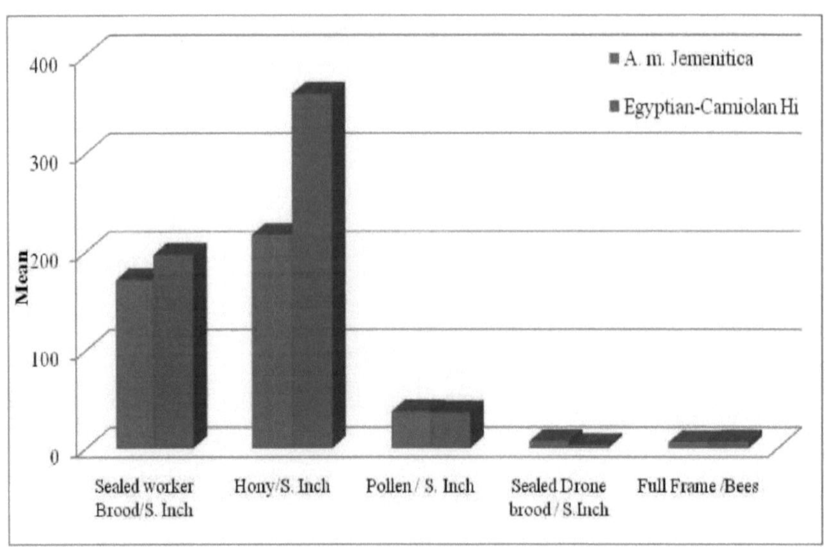

Hist. 5: Actividades das colónias de *Apis mellifera (carnica- lamarckii)* híbrida e *Apis mellifera jemenitica* fora da tenda.

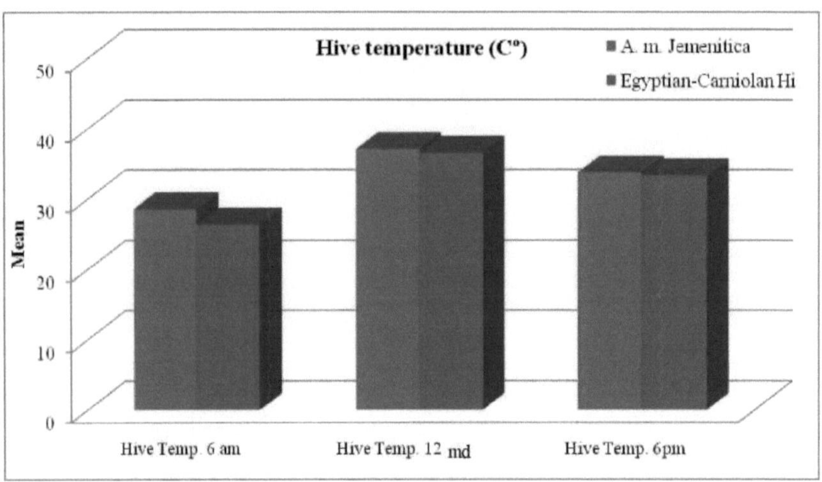

Hist. 6: Temperatura da colmeia para cada uma das raças *Apis mellifera (carnica-lamarckii)* híbrida e *Apis mellifera jemenitica* fora da tenda.

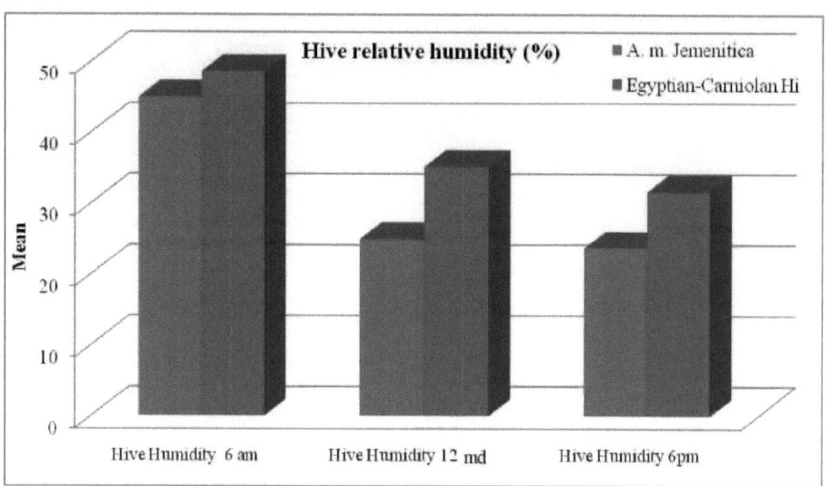

Hist. 7: Humidade relativa da colmeia para cada uma das abelhas *Apis mellifera (carnica-lamarckii)* híbrida e *Apis mellifera jemenitica* fora da tenda.

4.3. A correlação entre as actividades das colónias e a temperatura e humidade relativa da colmeia de *Apis mellifera jemenitica*

4.3.2. Dentro da tenda.

Os resultados da correlação entre as actividades das colónias e a temperatura e humidade relativa da colmeia para *Apis mellifera jemenitica* no interior da tenda registaram uma correlação negativa elevada entre a criação de obreiras seladas e a humidade relativa da colmeia às 6:00 horas da manhã, r: -0,6: (valor de P< 0,01) como no Hist. (8). Para além disso, o mel de abelha e a temperatura da colmeia às 12:00 md mostraram uma correlação negativa significativa (P-value< 0.001) como no Hist.(9).

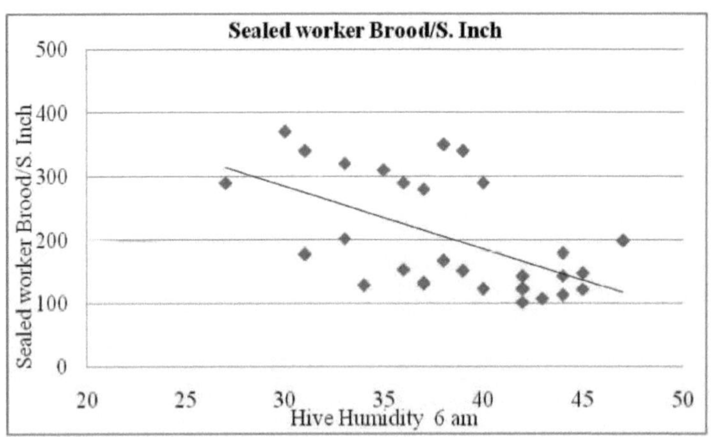

Hist. 8: Aparece uma correlação negativa elevada entre a criação de obreiras seladas e a humidade relativa da colmeia de *Apis mellifera jemenitica* às 6:00 da manhã no interior da tenda.

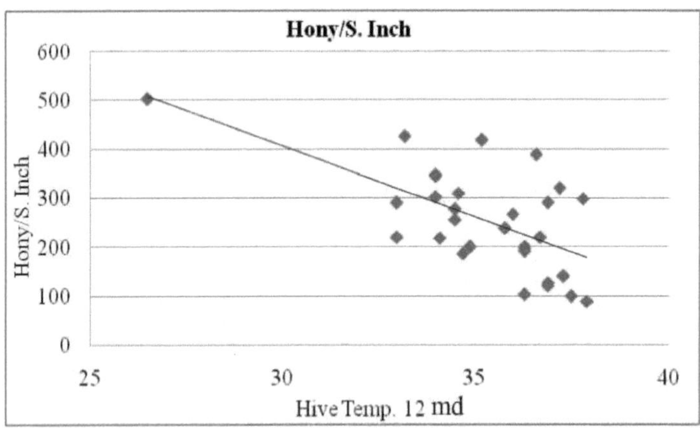

Hist. 9: Aparece uma correlação negativa elevada na produção de mel de abelha *Apis mellifera jemenitica* e a temperatura da colmeia às 12:00 md dentro da tenda.

A produção de mel e a temperatura da colmeia mostraram uma correlação negativa altamente significativa às 18:00 horas (P-value< 0,001), como mostra a Hist.(10).

Também a criação de zangões selados e a temperatura da colmeia às 12:00 md mostraram uma correlação negativa altamente significativa (P-valor < 0,008) como na Hist.(11).

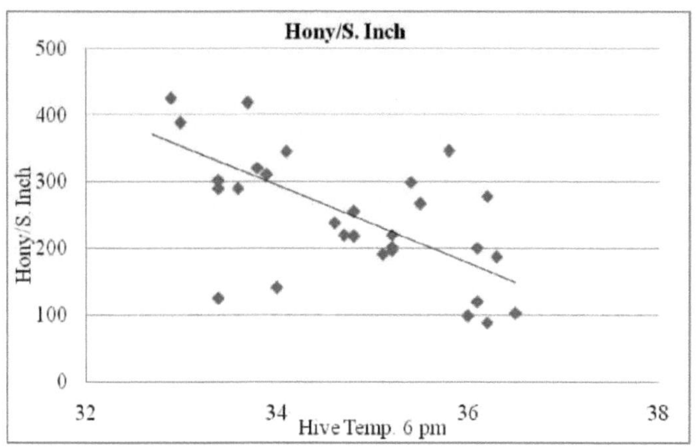

Hist. 10: Aparece uma correlação negativa elevada na produção de mel de abelha e na temperatura da colmeia de *Apis mellifera jemenitica* às 18:00 horas no interior da tenda.

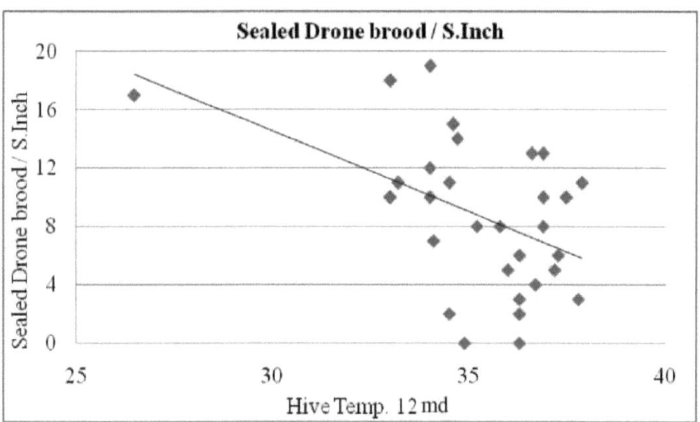

Hist. 11: Aparece uma correlação negativa elevada entre a criação de zangões selada e a temperatura da colmeia de *Apis mellifera jemenitica* às 12:00 md dentro da tenda.

O CCAB e a temperatura da colmeia às 12:00 md foi uma correlação negativa altamente significativa (P- valor < 0,002) como no Hist. (12). Por outro lado, a correlação positiva e de alta significância apareceu em ambos, cria de operárias seladas e a temperatura da colmeia às 12:00 md (P-valor < 0,028) como no Hist. (13) e mel de abelha e RH da colmeia às 6:00 pm (P-valor < 0,001) como no Hist. (14).

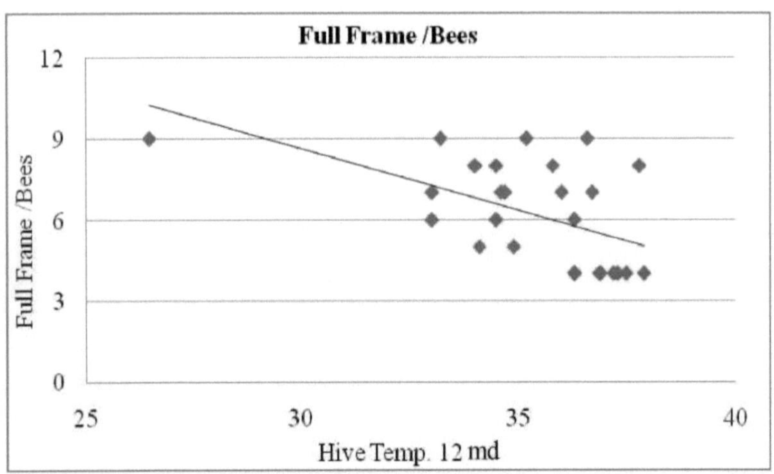

Hist. 12: Aparece uma correlação **negativa** elevada entre a CCAB e a temperatura da colmeia de *Apis mellifera jemenitica* **12:00** md dentro da tenda.

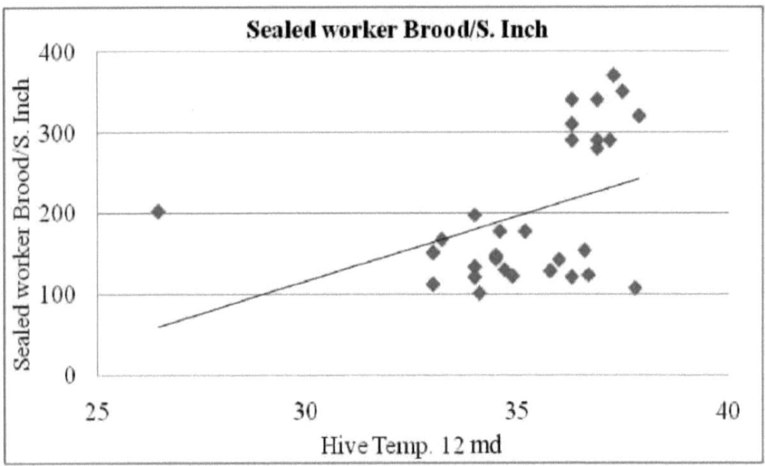

Hist. 13: Aparece uma correlação positiva elevada entre a criação de obreiras seladas e a temperatura da colmeia de *Apis mellifera jemenitica* às **12:00** md dentro da tenda.

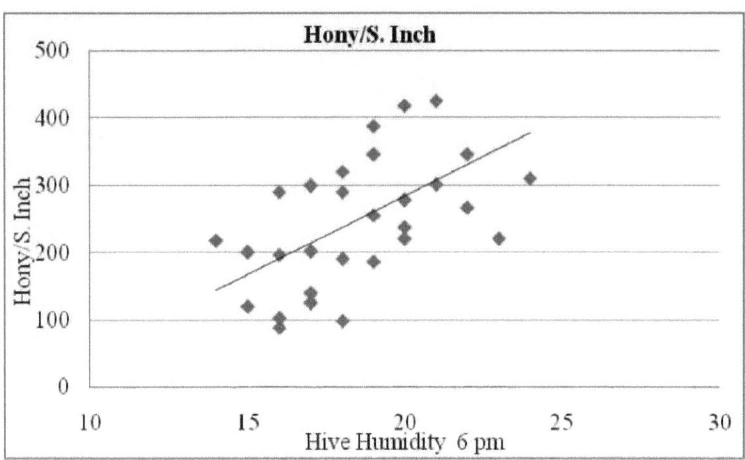

Hist. 14: Aparece uma correlação positiva elevada entre a produção de mel de abelha e a humidade relativa da colmeia de *Apis mellifera jemenitica* às 18:00 horas no interior da tenda.

A cria de zangão selada e a UR da colmeia às 18:00 h apresentaram uma correlação positiva significativa (P-valor < 0,002) como no Hist. (15). Além disso, a CCAB e a UR da colmeia às 18:00 horas têm uma correlação positiva altamente significativa (P-valor < 0,001) como no Hist. (16).

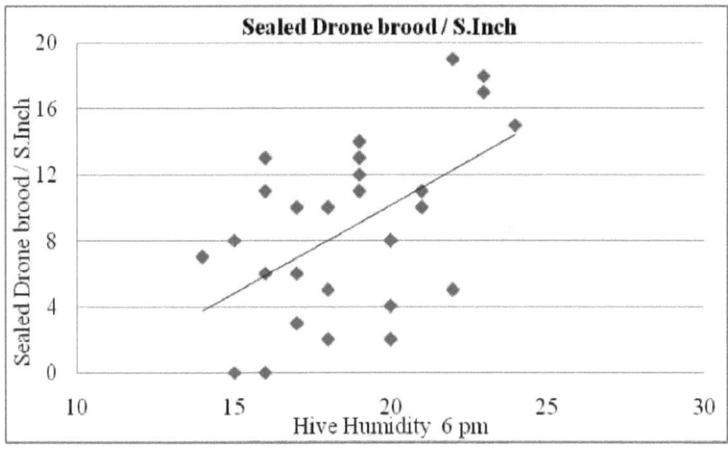

Hist. 15: Aparece uma correlação positiva elevada entre a criação de zangões selada e a humidade relativa da colmeia de *Apis mellifera jemenitica* às 18:00 horas no interior da

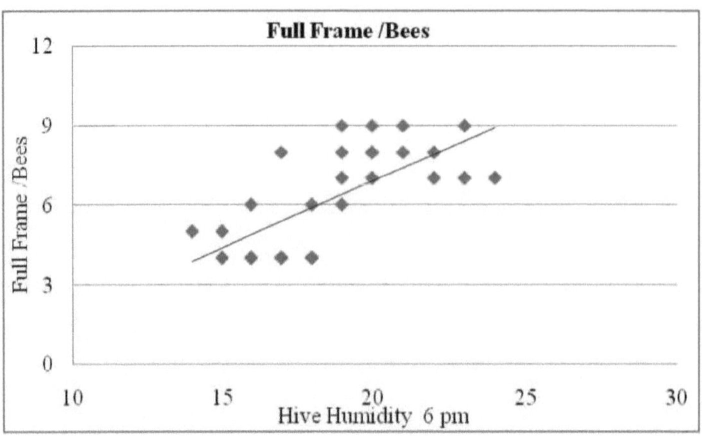

Hist. 16: Aparece uma correlação positiva elevada entre a CCAB e a RH da colmeia de _Apis mellifera jemenitica_ às 18:00 horas no interior da tenda.

A tabela (5) resume a correlação entre as actividades da colmeia, a temperatura e a humidade relativa _para a Apis mellifera jemenitica_ no interior da tenda e mostra os valores de correlação negativos e positivos significativos.

Quadro 5: Correlação entre as actividades das colónias e a temperatura e humidade relativa da colmeia para _Apis mellifera jemenitica_ no interior da tenda.

Activity	6:00 am		12:00 md		6:00pm		6:00 am		12:00 md		6:00pm	
	r	P value	R	P value	r	P value	r	P value	r	P value	r	P value
CCAB	0.1	0.783	-0.5	0.002**	-0.3	0.065	0.3	0.141	0.2	0.198	0.7	0.001**
Sealed worker Brood/Sq In	0.1	0.661	0.4	0.028*	0.1	0.716	-0.6	0.001**	-0.2	0.238	-0.3	0.095
Sealed Drone brood / Sq In	0.2	0.232	-0.5	0.008**	-0.4	0.050	0.0	0.900	0.2	0.197	0.5	0.002**
Honey/ Sq In	0.0	0.812	-0.6	0.001**	-0.7	0.001**	0.0	0.810	0.2	0.221	0.6	0.001**
Pollen /Sq In	0.0	0.937	0.3	0.119	0.3	0.156	0.1	0.478	0.0	0.801	-0.2	0.344

r: Coeficiente de correlação, *: P-valor < 0,05 (Significativo), **: P-valor < 0,01 (altamente significativo) e P-valor > 0,05 (não significativo).

4.3.2. Fora da tenda.

A correlação entre as actividades das colónias e a temperatura e humidade relativa da colmeia para *Apis mellifera Jemenitica* fora da tenda mostrou que existe uma correlação negativa altamente significativa entre a produção de mel e a temperatura da colmeia às 18:00 horas com (P-value < 0,007) como no Hist. (17). A criação de zangões selados e a temperatura da colmeia às 18:00 horas também mostraram uma correlação negativa altamente significativa (valor de P < 0,017) como no Hist. (18).

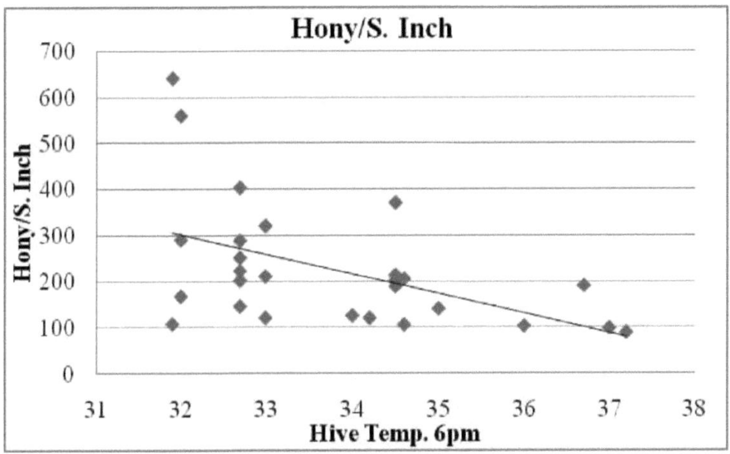

Hist. 17: Aparece uma correlação negativa elevada na produção de mel de abelha e na temperatura da colmeia para *Apis mellifera jemenitica* às 18:00 horas fora da tenda.

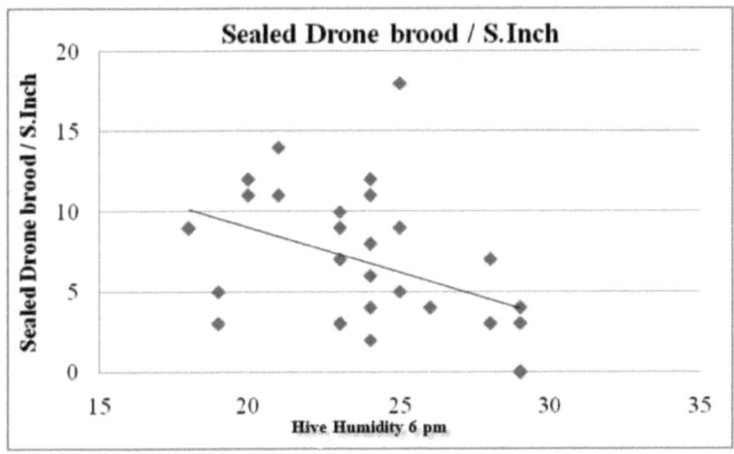

Hist. 18: Aparece uma correlação negativa entre a criação de zangões selada e a humidade relativa da colmeia *Apis mellifera jemenitica* às 18:00 horas no exterior da tenda.

Por outro lado, foi registada uma correlação positiva significativa (P-valor <0,001) entre o pólen armazenado e a temperatura da colmeia às 12:00 md como no Hist.(19). Foi registada uma correlação positiva significativa às 18:00 horas entre o pólen armazenado e a humidade relativa da colmeia (P-valor <0,005), tal como no Hist. (20). CCAB e RH da colmeia às 06: 00pm (P- valor <0.005) como no Hist.(21).

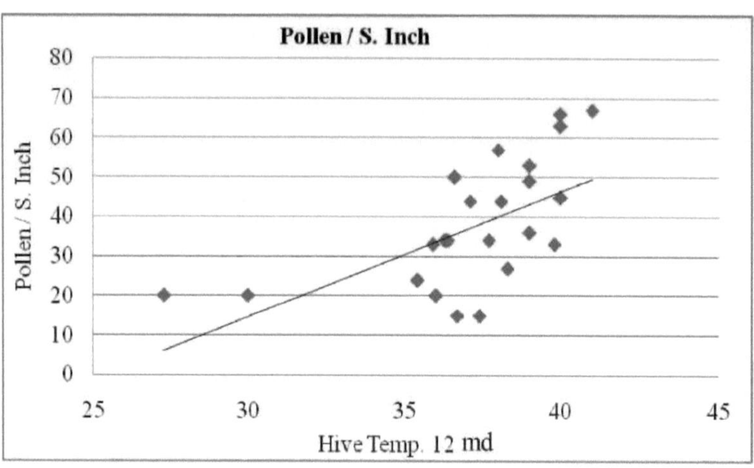

Hist. 19: Aparece uma correlação positiva elevada entre o pólen armazenado e a temperatura da colmeia de *Apis mellifera jemenitica* às 12:00 md fora da tenda.

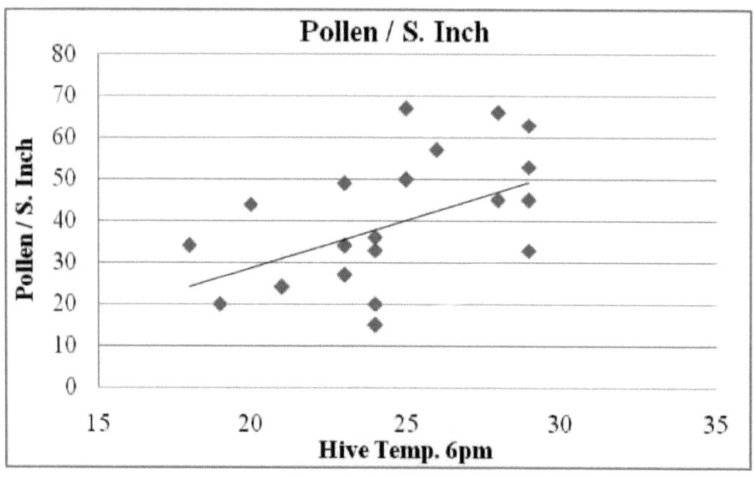

Hist. 20: Aparece uma correlação positiva elevada entre o pólen armazenado e a temperatura da colmeia de *Apis mellifera jemenitica* às 18:00 horas no exterior da tenda.

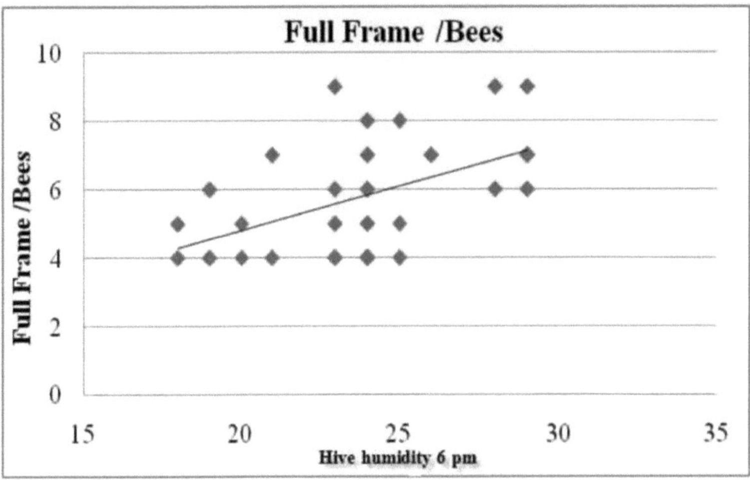

Hist. 21: Aparece uma correlação positiva elevada entre a CCAB e a RH da colmeia para *Apis mellifera jemenitica* às 18:00 horas no exterior da tenda.

O quadro (6) resume o resultado da correlação entre as actividades da colmeia, a temperatura e a HR *para Apis mellifera Jemenitica* fora da tenda e mostra o grau de correlação e a significância da viabilidade para cada uma das variáveis experimentais.

Quadro 6: Correlação entre as actividades das colónias e a temperatura e a humidade relativa da colmeia para *Apis mellifera jemenitica* fora da tenda.

Activity	Hive Temp. 6 am		Hive Temp. 12 pm		Hive Temp. 6 pm		Hive Humidity 6 am		Hive Humidity 12 md		Hive Humidity 6 pm	
	r	P value	r	P value	r	P value	r	P value	r	P value	r	P value
CCAB	0.1	0.759	0.3	0.149	-0.1	0.563	-0.1	0.508	0.1	0.663	0.5	0.005 **
Sealed worker Brood/Sq In	0.2	0.422	-0.2	0.233	-0.4	0.067	-0.3	0.151	-0.2	0.365	-0.3	0.075
Sealed Drone brood / Sq In	0.3	0.071	-0.1	0.519	-0.1	0.568	-0.2	0.283	-0.2	0.193	-0.4	0.017 *
Honey/ Sq In	-0.2	0.219	-0.1	0.764	-0.5	0.007**	-0.2	0.418	0.0	0.859	-0.1	0.679
Pollen / Sq In	0.2	0.233	0.6	0.001 **	0.3	0.153	0.0	0.905	0.1	0.692	0.5	0.005 **

4.4. Correlação entre as actividades das colónias e a temperatura e humidade relativa da colmeia para o híbrido *Apis mellifera (carnica- lamarckii)*.

4.4.1. Dentro da tenda.

A correlação entre as actividades da colónia e a temperatura e humidade relativa da colmeia para o híbrido *Apis mellifera (carnica- lamarckii)* dentro da tenda, tabela (7), mostrou que existe uma correlação negativa elevada entre a criação de obreiras seladas e a humidade relativa da colmeia às 12:00 md (P- valor < 0.001) como no Hist.(22), produção de mel e temperatura da colmeia às 12:00 md com (P- valor < 0,001) como no Hist.(23), pólen armazenado e UR da colmeia às 12 md com (P- valor < 0,004) como no Hist.(24) e CCAB e temperatura da colmeia às 12:00 md com (P- valor < 0,001) como no Hist. (25).

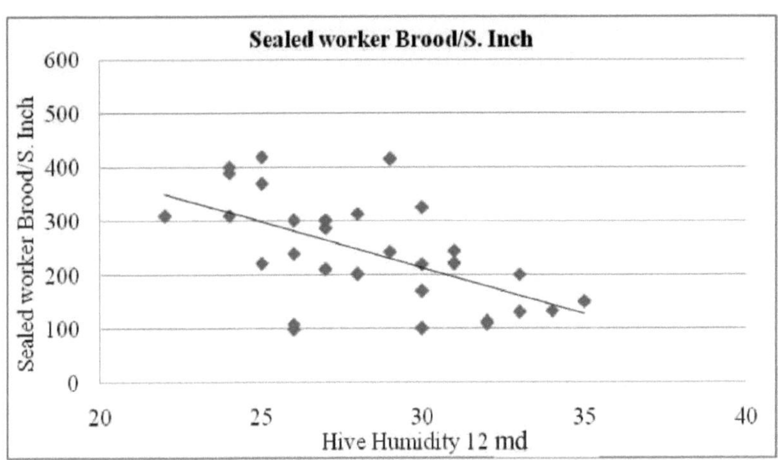

Hist. 22: Aparece uma correlação negativa elevada entre a criação de obreiras seladas e a RH da colmeia do híbrido *Apis mellifera (carnica- lamarckii)* às 12:00 md dentro da tenda.

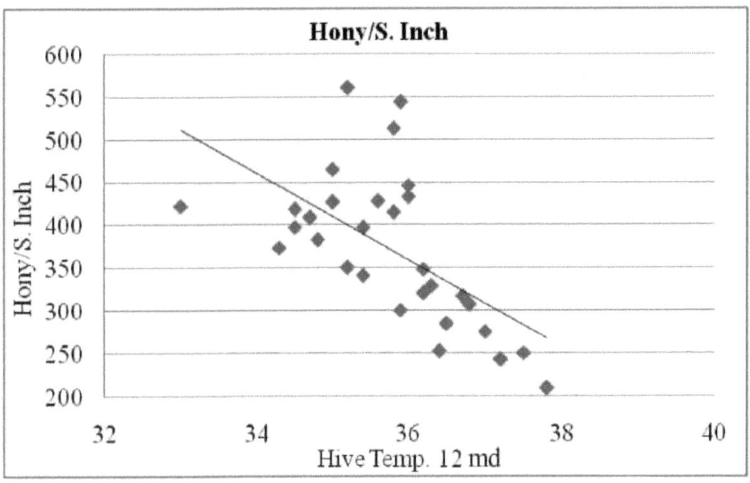

Hist. 23: Aparece uma correlação negativa elevada na produção de mel de abelha e na temperatura da colmeia do híbrido *Apis mellifera (carnica- lamarckii)* às 12:00 md dentro da tenda.

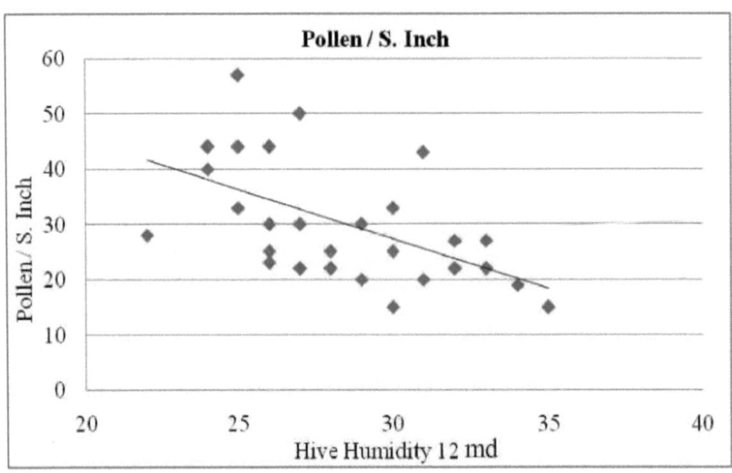

Hist. 24: Aparece uma correlação negativa elevada entre o pólen armazenado e a humidade da colmeia do híbrido *Apis mellifera (carnica- lamarckii)* às 12:00 md dentro da tenda.

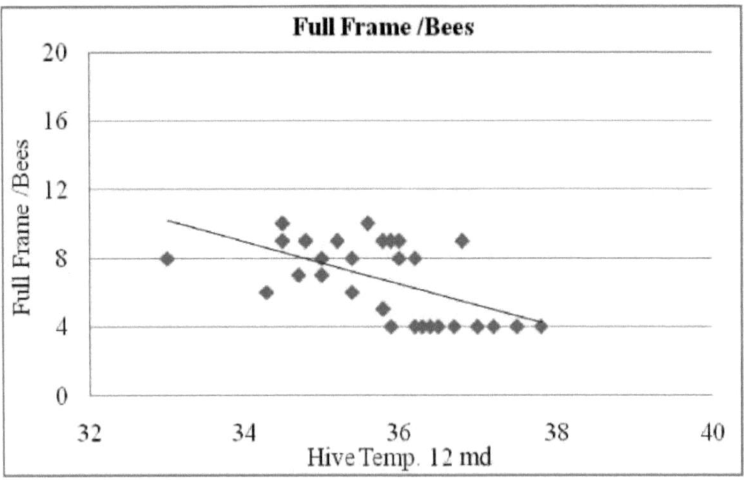

Hist. 25: Aparece uma alta correlação negativa entre a CCAB e a temperatura da colmeia do híbrido *Apis mellifera (carnica- lamarckii)* às 12:00 md dentro da tenda.

Por outro lado, a correlação positiva de alta significância aparece em ambos, ninhada de operárias seladas e a temperatura da colmeia às 12:00 md Hist.(26) que registou r: 0.4: (P-value < 0.041) e entre a produção de mel e a temperatura da colmeia às 6:00

pm que registou r: 0.5: (P-value < 0.011) como no Hist.(27).

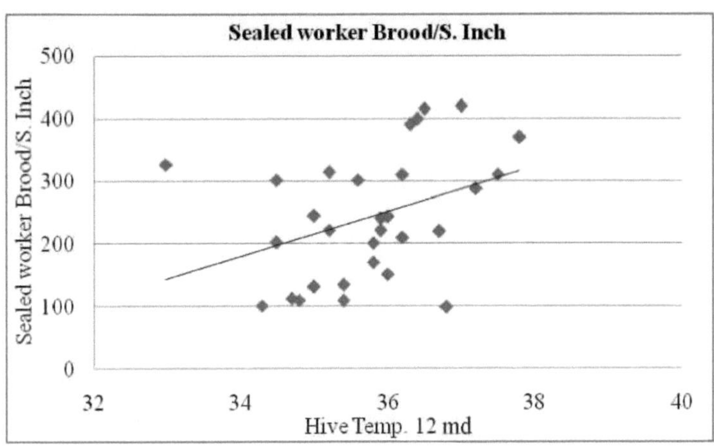

Hist. 26: Aparece uma correlação positiva elevada entre a criação de obreiras seladas e a temperatura da colmeia do híbrido *Apis mellifera (carnica-lamarckii)* às 12:00 md dentro da tenda.

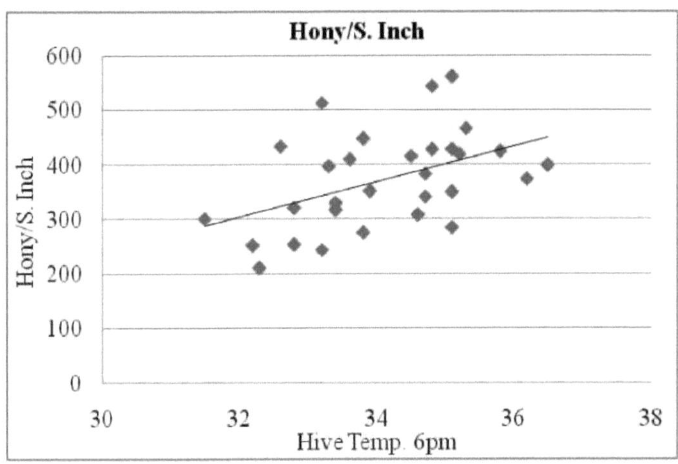

Hist. 27:Aparece uma correlação positiva na produção de mel de abelha e na temperatura da colmeia do híbrido *Apis mellifera (carnica- lamarckii)* às 18:00 horas dentro da tenda.

A produção de mel e a humidade relativa da colmeia às 18:00 h mostraram uma correlação altamente positiva (P-value < 0,003) como no Hist.(28), a produção de mel e a humidade relativa da colmeia às 12:00 md mostraram uma correlação altamente significativa (P-value < 0,001) como no Hist.(29) e o pólen armazenado e a temperatura da colmeia às 12:00 md mostraram uma correlação significativa semelhante, que registou (P-value < 0,004) como no Hist. (30)

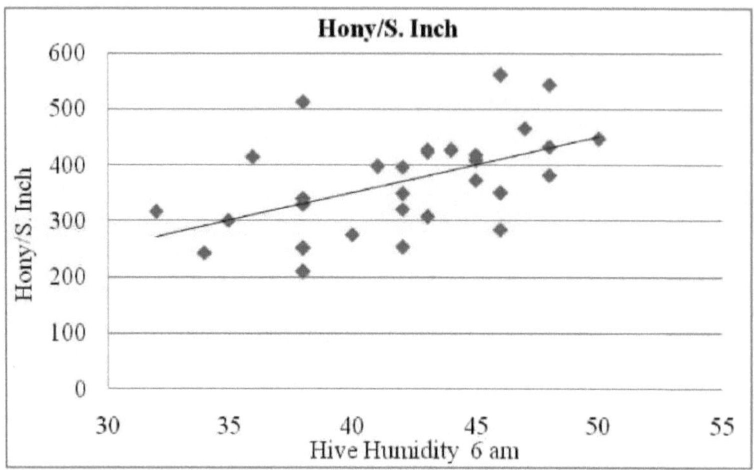

Hist. 28: Aparece uma correlação positiva entre a produção de mel de abelha e a UR da colmeia do híbrido *Apis mellifera (carnica- lamarckii)* às 6:00 da manhã dentro da tenda.

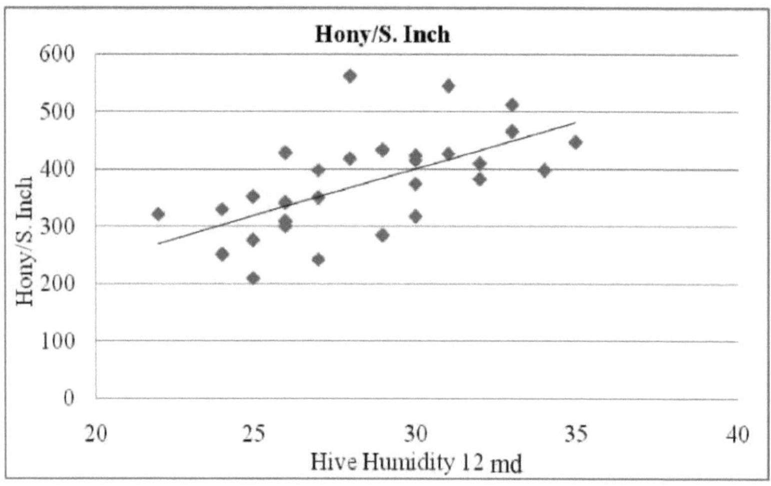

Hist. 29: Aparece uma correlação positiva entre a produção de mel de abelha e a UR da colmeia do híbrido *Apis mellifera (carnica- lamarckii)* às 12:00 md dentro da tenda.

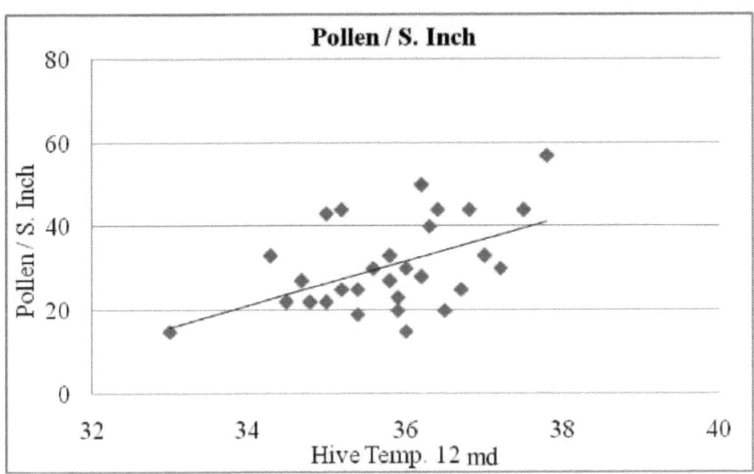

Hist. 30:Aparece uma alta correlação positiva entre o pólen armazenado e a temperatura da colmeia do híbrido *Apis mellifera (carnica- lamarckii)* a 12 md dentro da tenda.

Os resultados da pesquisa mostraram uma correlação positiva altamente significativa entre cada um dos CCAB e a temperatura da colmeia às 6:00 pm (P- valor < 0,001) como no Hist. (31), CCAB e UR da colmeia às 6:00 h (P- valor < 0,001) Hist. (32 , CCAB e UR da colmeia às 12:00 md (P- valor < 0,037) Hist.(33) e CCAB e UR às 18:00 h (P- valor < 0,032) como no Hist.(34).

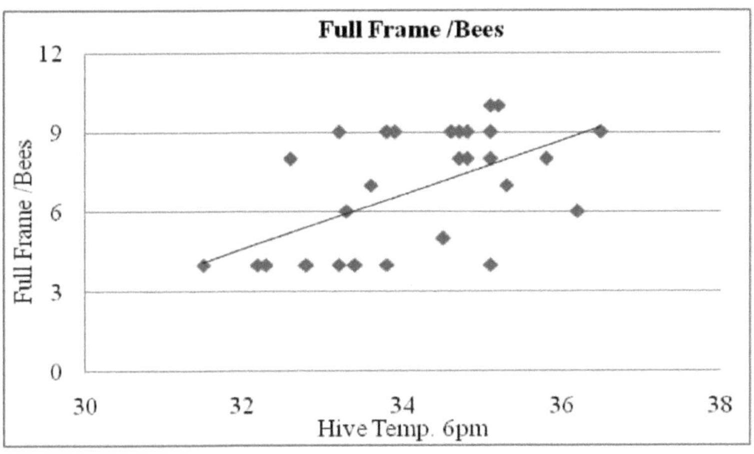

Hist. 31:positiva, surge uma correlação elevada entre a CCAB e a temperatura da colmeia do híbrido *Apis mellifera (carnica- lamarckii)* às 18:00 horas no interior da tenda.

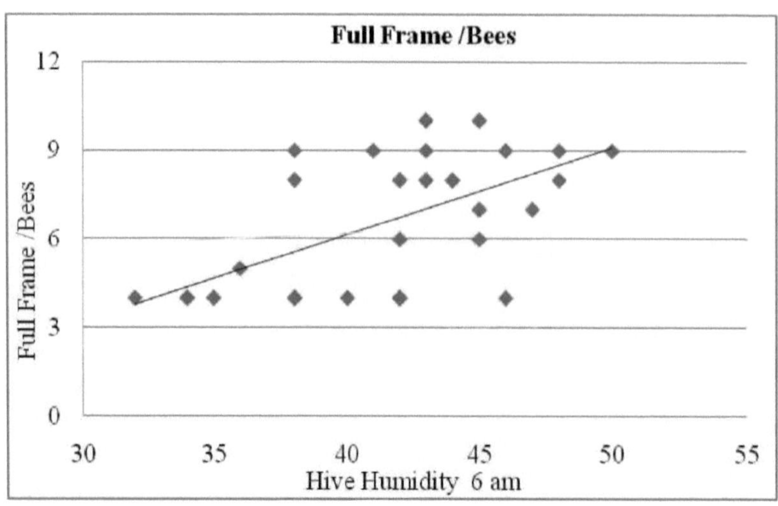

Hist. 32: Aparece uma correlação positiva alta na CCAB e na RH da colmeia do híbrido *Apis mellifera (carnica- lamarckii)* às 6:00 da manhã dentro da tenda.

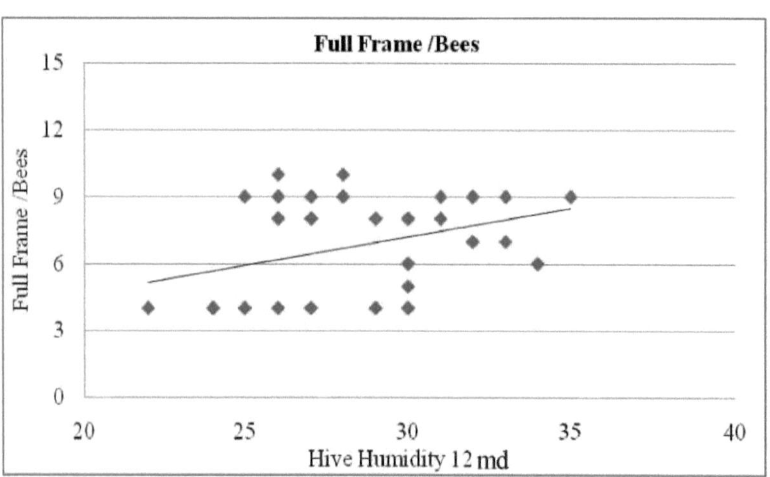

Hist. 33: Aparece uma correlação positiva alta em CCAB e RH da colmeia do híbrido *Apis mellifera (carnica- lamarckii)* às 12:00 md dentro da tenda.

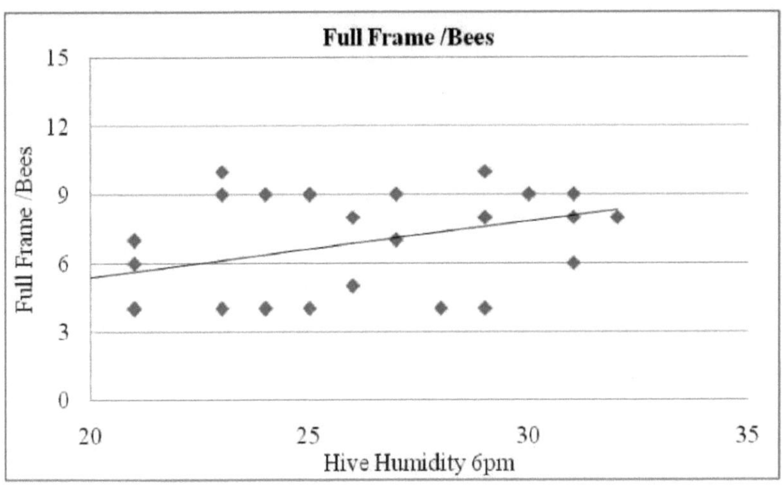

Hist. 34:Aparece uma correlação positiva alta em CCAB e RH da colmeia do híbrido *Apis mellifera (carnica- lamarckii)* às 6:00 pm dentro da tenda.

Quadro 7: Correlação entre as actividades das colónias e a temperatura da colmeia e a humidade relativa para o híbrido *Apis mellifera (carnica-lamarckii)* no interior da tenda.

	Temp. da colmeia 6 horas		Temp. da colmeia 12 md		Temp. da colmeia 18 horas		Colmeia Humidade 6h		Humidade da colmeia 12 md		Colmeia Humidade 6 pm	
	r	Valor P	r	Valor P	r	Valor P	r	Valor P	r	Valor P	r	Valor P
CCAB	-0.2	0.218	-0.6	0.001**	0.6	0.001**	0.6	0.001**	0.4	0.037*	0.4	0.032*
Operária selada Ninhada/ Sq Em	0.2	0.227	0.4	0.041*	-0.2	0.238	-0.2	0.231	-0.6	0.001**	-0.3	0.161
Ninhada de	-	0.545	0.1	0.631	-	0.460	0.3	0.067	0.2	0.340	-0.2	0.324

zangões selados / Sq Em	0.1				0.1							
Mel/ m2	0.0	0.891	-0.6	0.001**	0.5	0.011*	0.5	0.003**	0.6	0.001**	0.4	0.053
Pólen / Sq In	0.0	0.971	0.5	0.004**	-0.3	0.124	-0.3	0.181	-0.6	0.001**	-0.2	0.185

4.4.2. Fora da tenda.

Os resultados obtidos no quadro (8) revelam uma correlação negativa elevada entre a criação de zangões selada e a temperatura da colmeia às 12:00 h, tal como no Hist.(35), que registou r: -0,5:(P-valor < 0,007), a criação de zangões selada e a temperatura da colmeia às 18:00 h revelaram uma correlação negativa altamente significativa (P-valor < 0,008), tal como no Hist.(36) .

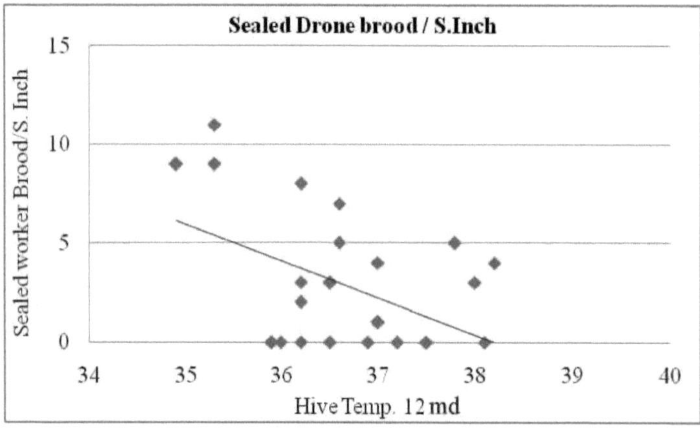

Hist. 35:Alta correlação negativa entre a criação de zangões selados e a temperatura da colmeia de *Apis mellifera (carnica- lamarckii)* híbrida às 12:00 md fora da tenda.

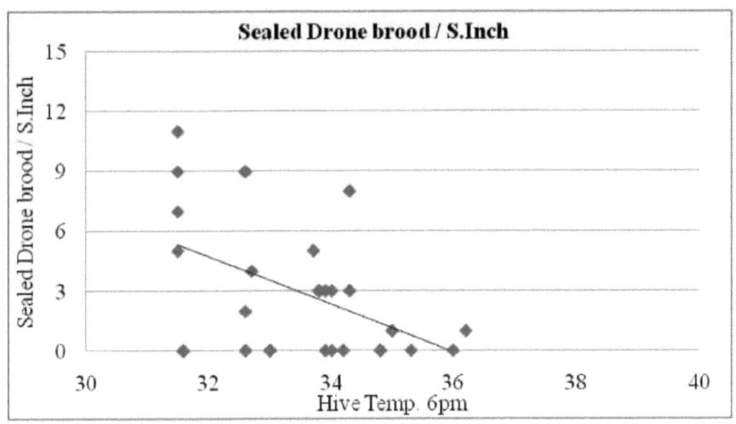

Hist. 36: Alta correlação negativa entre a criação de zangões selados e a temperatura da colmeia de *Apis mellifera (carnica- lamarckii)* híbrida às 18:00 horas fora da tenda.

A correlação negativa altamente significativa entre a criação de zangões selada e a RH da colmeia às 18:00 horas Hist.(37) r: -0,5: (P- valor < 0,005). Por outro lado, a alta correlação positiva e a correlação aparecem no pólen armazenado e na temperatura da colmeia às 6:00 pm Hist. (38), r: 0,5: (P- valor < 0,007). Pólen armazenado e RH da colmeia às 6:00 da manhã Hist. (39), r: 0,4: (P- valor < 0,028). Pólen armazenado e RH da colmeia às 12:00 md Hist. (40), r: 0,5: (P- valor < 0,005). Pólen armazenado e RH da colmeia às 6:00 pm Hist. (41), r: 0.5:(P- valor < 0.005).

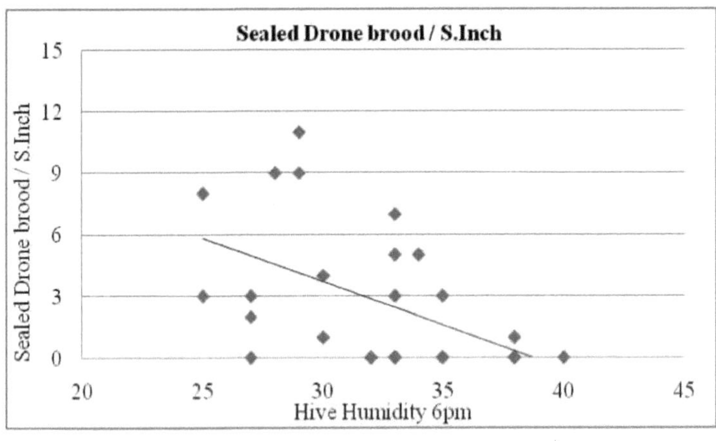

Hist. 37:Elevada correlação negativa entre a criação de zangões selados e a RH da colmeia

de *Apis mellifera (carnica- lamarckii)* híbrida às 18:00 horas no exterior da tenda.

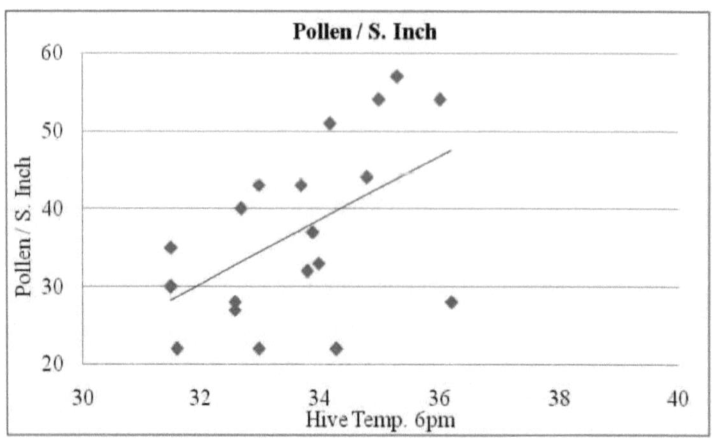

Hist. 38:Aparece uma correlação positiva elevada no pólen armazenado e na temperatura da colmeia do híbrido *Apis mellifera (carnica- lamarckii)* às 18:00 horas fora da tenda.

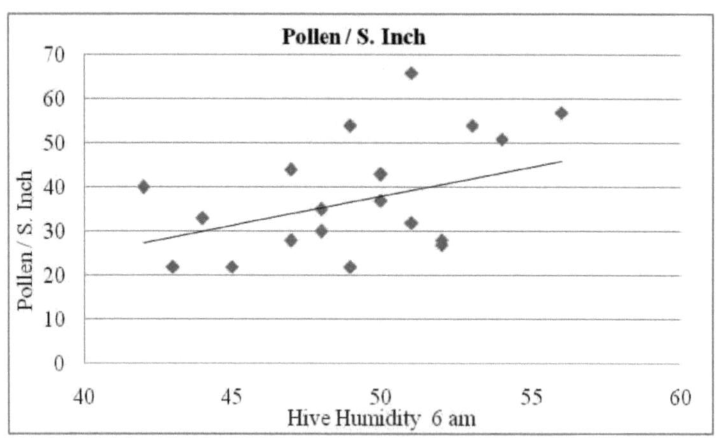

Hist. 39:Aparece uma correlação positiva elevada no pólen armazenado e na temperatura da colmeia do híbrido *Apis mellifera (carnica- lamarckii)* às 6:00 da manhã fora da tenda.

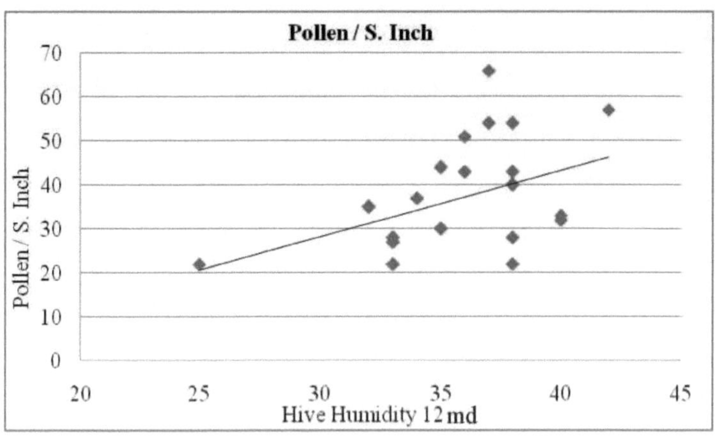

Hist. 40: Aparece uma correlação positiva elevada entre o pólen armazenado e a RH da colmeia do híbrido *Apis mellifera (carnica- lamarckii)* às 12:00 md fora da tenda.

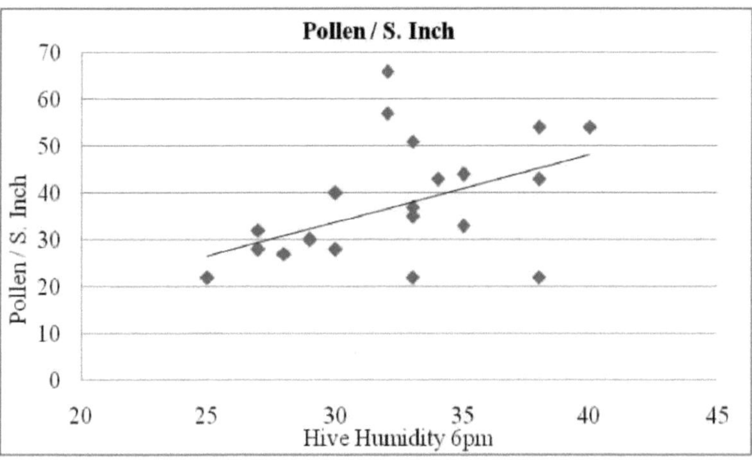

Hist. 41: Aparece uma correlação positiva elevada entre o pólen armazenado e a RH da colmeia do híbrido *Apis mellifera (carnica- lamarckii)* às 18:00 horas fora da tenda.

Quadro 8: Correlação entre as actividades das colónias e a temperatura da colmeia e a humidade relativa para *Apis mellifera (carnica- lamarckii)* híbrida fora da tenda.

	Colmeia Temp 6 am		Temp. da colmeia 12 md		Temp. da colmeia 18 horas		Humidade da colmeia 6 horas		Humidade da colmeia 12 md		Colmeia Humidade 6 pm	
	r	Valor P	r	Valor P	r	Valor P	r	Valor P	r	Valor P	r	Valor P
CCAB	0.0	0.890	0.0	0.962	0.2	0.284	0.2	0.213	0.1	0.470	0.0	0.799
Trabalhador selado Ninhada/S. Polegada	0.0	0.922	-0.1	0.748	-0.2	0.362	-0.1	0.662	-0.3	0.064	-0.2	0.197
Drone selado ninhada / S. Inch	0.2	0.382	-0.5	0.007**	-0.5	0.008**	0.0	0.881	-0.3	0.100	-0.5	0.005**
Mel/S. Polegadas	-0.1	0.582	-0.3	0.114	-0.1	0.702	-0.1	0.456	-0.2	0.252	-0.2	0.210
Pólen / S. Inch	0.1	0.637	0.3	0.127	0.5	0.007**	0.4	0.028*	0.5	0.005**	0.5	0.005**

5. DISCUSSÃO

5.1. Diferenças morfométricas.

A Apis mellifera (abelha produtora de mel) é uma das espécies mais bem sucedidas do reino animal. Está altamente adaptada a uma vasta gama de condições ambientais; é capaz de sobreviver em regiões quentes e secas, bem como em zonas frias e temperadas (Ruttner, 1988). Existem várias subespécies de *Apis mellifera*, todas elas se cruzam facilmente, o que sugere que as diferenças observadas reflectem a seleção natural para adaptação. Não existe uma chave morfológica para as subespécies de abelhas. As diferentes subespécies são geralmente distinguidas por caraterísticas morfométricas, cor, área de distribuição, comportamento e tamanho também são caraterísticas importantes (Ruttner *et al.*, 1978; Ruttner, 1988; Schlipalius *et al.*, 2008). A morfometria caracterizou 26 grupos taxonómicos distintos ou raças geográficas de *Apis mellifera*, 7 subespécies do Próximo Oriente, 10 de África e 7 do norte e sudeste da Europa. Recentemente, utilizando caraterísticas morfométricas, moleculares, ecológicas, etológicas e fisiológicas, foram reconhecidas 29 subespécies de *Apis mellifera* (Ruttner, 1988; Sheppard *et al.*, 1997; Engel, 1999; Sheppard e Meixner, 2003; Alqarni *et al.*, 2011).

Estas subespécies são também conhecidas como subespécies geográficas, uma vez que as suas distribuições correspondem normalmente a áreas geográficas distintas (Bouga *et al.*, 2011).

A abelha melífera do Iémen, *Apis mellifera Jemenitica,* é utilizada na apicultura em toda a Península Arábica desde, pelo menos, 2000 a.C.. É a abelha *Apis mellifera* mais pequena alguma vez descrita (Ruttner *et al.*, 1988). Está muito bem adaptada às zonas quentes e áridas da África Oriental e da Península Arábica (Aqlan, 1999; Engel, 1999). A raça de abelha nativa da Arábia Saudita foi descrita pela primeira vez por Ruttner *et al.* (1976) como uma nova subespécie; *A. m. Jemenitica*, que recolheu duas amostras apenas na região de Jazan. Pertence à linhagem A (Ruttner, 1988; Engel, 1999). Esta raça de abelha está bem adaptada aos extremos rigorosos da região. As populações de *A. m. Jemenitica* nativas da Arábia Saudita são muito mais tolerantes ao calor do que as raças padrão frequentemente importadas da Europa (Alqarni, 2006; Alqarni *et al.*, 2011). Estes valores morfométricos dos resultados actuais *para a* raça *A. m. jemenitica* mostraram uma elevada semelhança com cinco populações de *A. m. Jemenitica* registadas por (Ruttner *et al.*, 1988; Alghamdi *et al.*, 2012).

Os caracteres morfológicos no presente estudo de *A. m. jemenitica* e *Apis mellifera (carnica- lamarckii)* híbrido mostraram que há uma diferença significativa no comprimento da probóscide (P≤0,03), índice cubital (P<0,001) e cor tergito 3 e 4. Os caracteres associados ao tamanho e à cor do corpo foram os mais importantes para caraterizar as raças de abelhas (Alattal *et al.*, 2014b), Mais caracteres de oferta relacionados ao tamanho e pigmentação do corpo foram relatados como responsáveis por quase 65% das variações entre as raças de abelhas estudadas (Amssalu *et al.*, 2004).

Ao longo do presente estudo, verificou-se que os caracteres morfométricos (probóscide) foram significativamente diferentes entre o híbrido *A. m. Jemenitica* e *Apis mellifera (carnica- lamarckii)*. Essas diferenças podem estar associadas aos estudos e relatos sobre o desempenho das duas raças. As abelhas autóctones são mais pequenas em comprimento de probóscide e podem produzir menos mel. Enquanto que as abelhas importadas são maiores no comprimento da probóscide e podem produzir mais mel. O comprimento da probóscide está significativamente correlacionado com o peso do saco de mel e com a produção de mel por colónia. (Aly *et al.*, 1989; Alqarni, 1995; Alqarni *et al.*, 2013).

5.2. Actividades da colónia.

Os resultados revelaram que existem grandes áreas de produção de mel da raça híbrida *Apis mellifera (carnica-lamarckii)* dentro e fora da tenda, em comparação com a raça *A. m. Jemenitica*, o que pode ser devido ao comprimento da probóscide das abelhas exóticas (Aly *et al.*, 1989; Alqarni, 1995). O híbrido *Apis mellifera (carnica-lamarckii)* foi altamente significativo na produção de mel em comparação com a raça *A. m. Jemenitica* dentro e fora da tenda. Estes resultados estão de acordo com alguns trabalhos que revelaram que a produção de mel foi maior nas colónias Carniolan e F1 em comparação com as abelhas nativas (Alqarni *et al.*, 2014). Isto significa que *a Apis mellifera (carnica- lamarckii)* híbrida é melhor do que *a Apis mellifera jemenitica* na produção de mel. Em oposição ao resultado do presente estudo (Algarni *et al.*, 1995) afirmou que *a Apis mellifera jemenitica* tem a mesma produção de mel das abelhas Carniolan. *A Apis mellifera (carnica- lamarckii)* híbrida é superior na produção de mel em comparação com a *Apis mellifera jemenitica*, o que pode dever-se às diferenças morfológicas entre as duas raças.

A raça *A. m. Jemenitica* tem uma importância superior na criação de zangões selada em comparação com o híbrido *Apis mellifera (carnica-lamarckii)* dentro e fora da tenda. A colmeia com uma área de criação de zangões menos selada é mais estável do que a colmeia com uma área de criação de zangões mais selada, devido ao crescimento lento da população de ácaros na área de criação de zangões menos selada. Embora a sua utilização, por si só, não impeça que uma colónia seja dominada, é uma ferramenta importante, no âmbito de uma abordagem integrada, para o controlo da Varroa.

Enquanto que o híbrido *Apis mellifera (carnica-lamarckii)* tem uma significância menor na temperatura da colmeia às 6h da manhã, dentro e fora da tenda, em comparação com outro grupo. As colónias de *Apis mellifera jemenitica* têm menos significado na RH da colmeia às 6h, 12h e 18h do que a *Apis mellifera (carnica-lamarckii)* híbrida dentro e fora da tenda. Isto deve-se ao facto de *a Apis mellifera (carnica- lamarckii)* híbrida recolher muita água para arrefecer a colmeia.

O resultado mostra claramente que, quando a queda do grau de temperatura no clima desértico ocorre à noite, as abelhas locais estavam mais adaptadas a isso do que o híbrido *Apis mellifera (carnica- lamarckii)*. Estes resultados estão de acordo com a raça nativa da Arábia Saudita, que superou a Carniolan ou o híbrido F1 na tolerância ao calor (Alqarni, 1995; Alqarni *et al.*, 2014). As abelhas podem selecionar mais facilmente as fontes de pólen do que as fontes de néctar, o que se deve às caraterísticas morfométricas da raça e às condições climáticas e ambientais (Damblon e Lobreau-Callen, 1990). A abelha melífera do Iémen, *Apis mellifera Jemenitica, está* altamente adaptada às zonas quentes e áridas da África Oriental e da Península Arábica e é mais tolerante ao calor do que as abelhas importadas (Alqarni, 2006; Alqarni *et al.*, 2011;

Alattal e Al-Ghamdi, 2015). Nos casos em que outras raças de abelhas melíferas não conseguiram persistir, estes estudos estão em total concordância com os resultados do estudo atual (Ruttner, 1976; Hepburn e Radloff, 1997; Amssalu *et al.*, 2004; Shaibi *et al.*, 2009).

Os resultados mostraram que não há diferenças significativas entre as duas raças de abelhas na temperatura da colmeia às 12:00 e às 18:00 horas, dentro e fora da tenda. No entanto, a temperatura da colmeia de *A. m. Jemenitica* foi significativamente mais elevada do que a temperatura da colmeia de outras raças de abelhas exóticas às 6 horas da manhã, dentro e fora da tenda, o que pode dever-se ao facto de as abelhas termo-regularem a sua função ambiental (Winston, 1987; Tautz, 2008).

Além disso, as comparações baseadas em inquéritos de campo confirmaram taxas de sobrevivência mais elevadas na abelha indígena Alattal e Al-Ghamdi, (2015).

5.3. Relação de correlação.

5.Л.1. Dentro da tenda.

Os resultados da correlação entre as actividades das colónias, a temperatura e a humidade relativa para a *Apis mellifera jemenitica* no interior da tenda registaram uma correlação negativa elevada entre a criação de obreiras selada e a humidade relativa da colmeia às 6 horas da manhã:00 am, o híbrido *Apis mellifera (carnica- lamarckii)* mostrou a mesma correlação às 12 md, estes resultados concordam com estudos anteriores que indicaram que a atividade de forrageamento foi afetada pela velocidade do vento, a atividade de forrageamento correlacionou-se negativamente com outros factores meteorológicos, incluindo a radiação solar, a temperatura e a humidade (Omoloye e Akinsola, 2006; Elaidy e Abdo-Tolba, 2017). Além disso, a temperatura do mel e da colmeia às 12:00 md mostrou correlação negativa significativa com (P-valor <0,001) em ambas as raças, esse resultado está em desacordo com o encontrado por Elaidy, Abdo-Tolba (2017), que mostrou correlação positiva entre a temperatura do ar e as atividades de forragem, essa variação pode ser devida ao tempo de coleta de dados. No entanto, o híbrido *Apis mellifera (carnica- lamarckii)* concordou com Elaidy e Abdo-Tolba, (2017) que registam uma correlação positiva elevada entre a produção de mel e a temperatura da colmeia às 18 horas.

A produção de mel e a criação de zangões selados mostraram alta correlação negativa significativa com a temperatura da colmeia para *Apis mellifera jemenitica* dentro da tenda às 12:00md (P-value <0,001), este resultado foi concordado com o encontrado por Alqarni *et al.*, (2014) que registou um efeito negativo da atividade de forrageamento com o aumento da temperatura. Também a atividade das colónias de abelhas é significativamente afetada pelas flutuações de temperatura (Graham, 1992; Heinrich, 1996).

O CCAB, apresentou uma correlação negativa altamente significativa com a temperatura da colmeia às 12 horas em ambas as raças dentro da tenda e uma correlação positiva significativa no híbrido *Apis mellifera (carnica-lamarckii)* às 18 horas, o que pode ser atribuído à hora da recolha de água, à diminuição da recolha de néctar forrageiro e à hora inadequada para a criação de zangões. A temperatura é o fator mais eficaz para determinar a atividade das colónias e a vitalidade das abelhas. Variações drásticas de temperatura podem interromper a criação ou causar a morte das abelhas (Abd El-Fatah, 1983; Graham et al., 2006). Também Hussein (1997) registou a maior atividade de voo às 8:00 da manhã, enquanto a menor atividade ocorreu após as 12:00 da manhã, quando a temperatura aumentou. O aumento da temperatura, a diminuição da humidade relativa e a radiação solar aumentam a atividade de voo (El- Shakaa, 1977; Rashad et al., 1980).

Por outro lado, verificou-se uma correlação positiva de alta significância entre a criação de obreiras seladas e a temperatura da colmeia, dentro da tenda, às 12:00 horas, em ambas as raças. Estes resultados indicam que a baixa temperatura é adequada para a criação de criação, o que está de acordo com os resultados relatados por Hussein (1997), que descobriu que a criação de criação mais elevada ocorre no inverno, em outubro, novembro e dezembro. A humidade relativa tem uma correlação positiva com a produção de mel, a criação de zangões selados e a CCAB dentro da tenda às 18:00 horas para a *Apis mellifera jemenitica*, o que pode dever-se à excreção de algum néctar da flor, à diminuição da temperatura ambiente e à diminuição da atividade de voo, respetivamente.

5.Л.2. Fora da tenda.

A correlação entre as actividades das colónias, a temperatura e a humidade relativa para a *Apis mellifera Jemenitica*, fora da tenda, mostrou que existe uma correlação negativa significativa elevada entre a produção de mel e a temperatura da colmeia às 18h00, a criação de zangões selada e a humidade relativa da colmeia às 18h00, enquanto *a Apis mellifera (carnica-lamarckii)* híbrida mostrou uma correlação negativa significativa entre a criação de zangões selada e a humidade relativa da colmeia fora da tenda às 18h00:00 pm, isto pode dever-se à temperatura elevada e à baixa humidade relativa no verão fora da tenda, o que está de acordo com o que foi constatado por Alattal, Al-Ghamdi (2015), que registaram que a maioria das perdas ocorreu nos meses de verão, agosto e setembro, quando a temperatura média mensal máxima varia entre 38-46 graus C.

O híbrido *Apis mellifera (carnica- lamarckii)* fora da tenda mostrou uma correlação positiva altamente significativa entre o pólen armazenado e a temperatura da colmeia às 18:00, também o pólen armazenado e a RH da colmeia às 6:00, 12 md e 6: pm, estes resultados estão de acordo com Elaidy, Abdo-Tolba (2017) que encontrou uma correlação positiva significativa entre o pólen armazenado e a temperatura da colmeia às 18:00 no híbrido *Apis mellifera (carnica- lamarckii)*. Em contraste, o estudo do híbrido *Apis mellifera (carnica-lamarckii)* mostrou uma correlação negativa significativa entre o pólen e a HR às 12 horas no interior da tenda, o que está de acordo com o registado por Elaidy, Abdo-Tolba (2017). Esses resultados indicam o mecanismo de resfriamento do ambiente para o híbrido *Apis mellifera (carnica-lamarckii)*, que apresentou correlação positiva entre o pólen e a UR fora da tenda às 6h, 12h e 18h.

6. Resumo e conclusão

Este estudo foi realizado com o objetivo de comparar a raça híbrida *Apis mellifera jemenitica* e *Apis mellifera (carnica- lamarckii)* dentro e fora da tenda. Além disso, foram estudados factores morfométricos, de caraterização e ambientais para avaliar a sobrevivência das raças exógenas às condições do deserto. Os objectivos do estudo são:

1. Comparar o desempenho da abelha *Apis mellifera jemenitica* na Arábia Saudita com o híbrido *Apis mellifera (carnica- lamarckii)*, que representava a abelha africana.

2. Avaliar as duas corridas em clima desértico duro, com temperaturas elevadas e baixa humidade.

3. Estudar a produção de mel, a produção de criação de operárias, o pólen armazenado e o número de abelhas em duas raças.

4. Estudar a possibilidade de diminuir a temperatura elevada e proteger as colónias quando as duas raças são colocadas dentro e fora da tenda.

É evidente que o híbrido *Apis mellifera (carnica- lamarckii)* é mais produtivo na produção de mel do que a *Apis mellifera Jemenitica* em todas as condições. Muitos investigadores referiram que a raça indígena supera as outras raças na atividade de forrageamento e na tolerância às condições da área (El-Sarrag, 1993; Algarni, 1995; Elbassiouny, 2008), afirmando que as abelhas nativas superavam as abelhas Carniolan na produção de criação e na recolha de pólen, enquanto a produção de mel de abelha era semelhante nas duas raças.

Siham, (1990) verificou que o primeiro híbrido Carniolan superava os seus progenitores na produção de criação e na recolha de pólen, seguido da raça indígena pura. A elevada produção de criação das abelhas indígenas levou a um rápido consumo das reservas de mel quando a temperatura estival se aproxima dos 40° C, em comparação com as abelhas Carniolan. No presente estudo, não foram utilizadas abelhas Carniolan puras, mas sim abelhas *Apis mellifera (carnica- lamarckii)* híbridas, tendo sido efectuada a comparação entre duas raças: *Apis mellifera Jemenitica* e *Apis mellifera (carnica- lamarckii)* híbrida. Os resultados revelaram que as abelhas nativas se equipararam às abelhas híbridas *Apis mellifera (carnica- lamarckii)* na produção de criação. A temperatura não teve efeito sobre as duas raças de abelhas quando as duas raças se encontraram numa tenda especial. A tenda reduziu o efeito da temperatura sobre as abelhas, tal como descrito por Abrol (2010), que verificou que a população forrageira se correlacionou de forma positivamente significativa com a temperatura do ar, a intensidade da luz, a radiação solar e a concentração de açúcar e néctar e negativamente com a humidade relativa. Entretanto, os dados obtidos por Silva e De Jang, (1990) verificaram que as abelhas europeias tinham três períodos de forrageamento, entre as 9 e as 10 horas, as 11 e as 12 horas e as 15 e as 16 horas. O elevado grau de humidade no híbrido *Apis mellifera (carnica- lamarckii)* em relação à *Apis mellifera jemenitica* deve-se à grande quantidade de água que o híbrido *Apis mellifera (carnica- lamarckii)* recolhe para arrefecer a colmeia durante o dia. A *Apis mellifera (carinca-lamarekii)* híbrida produz mais mel de abelha do que a *Apis mellifera jemenitica* dentro e fora da tenda, o que pode dever-se à diferença morfomática entre as duas raças. A tenda reduz a temperatura não mais do que 4 graus em relação ao exterior, pelo que necessita de algum desenvolvimento para que a descida de temperatura seja superior a 10 graus em relação ao exterior, o que permitirá reservar alguma energia que as abelhas gastam para arrefecer a zona de criação da colmeia abaixo dos 35^0 C.

7. Referências

Abd Alla, S.M. (1997) Efeito da consanguinidade e do acasalamento aberto na hereditariedade de alguns caracteres da abelha *Apis mellifera* L. : Fac. Agric. Universidade de Zagazig.

Abd elaal, M.A. (2001) Estudos morfométricos e bioquímicos das estirpes de abelhas e do ácaro associado (Varro Jacobsoni). Faculdade de Ciências, Universidade de Ain Shams.

Abdel Aziem, M.A.E. (2007) Estudos sobre as abelhas melíferas egípcias *Apis mellifera Lamarckii*: Fac. Agric., Al-Azhar Univ.

Abd El-Fatah, M.A. (1983) Alguns estudos ecológicos das colónias de abelhas melíferas nas condições ambientais da região de Gizé: Tese de Mestrado, Fac. Agric., Cairo Univ.

Abrol, D.P. (2010) Foraging behavior of Apis florae F., an important pollinator of Allium cepa L. J. Apicult. Res., 49 (4). 318-325.

Adgaba, N., Al-Ghamdi, A. A., Agetachew, Y. Tadesse, A. Almaktary, M.J., Ansari, M.S., Al-Madani, D. (2016) Caraterísticas naturais dos ninhos de Apis mellifera jemenitica (Hymenoptera; Apidae) e suas implicações na adoção de colmeias de quadros. Jornal de Ciências Animais e Vegetais 26:1156-1163.

Alattal, Y., Al-Ghamdi, A. (2015) Impacto dos extremos de temperatura na sobrevivência de subespécies de abelhas indígenas e exóticas, *Apis mellifera*, em climas desérticos e semiáridos. Boletim de Insectologia 68:219-222.

Alattal, Y., AlGhamdi, A., Alsharhi, M. (2014a) A estrutura populacional da abelha melífera do Iémen (*Apis mellifera jemenitica*) implica uma estratégia de conservação urgente na Arábia Saudita. Jornal de Entomologia; 11(3):163-169.

Alattal, Y., Alsharhi, M., AlGhamdi, A., Alfaify, S., Migdadi, H., Ansari, M. (2014b) Caracterização das subespécies de abelhas melíferas nativas da Arábia Saudita utilizando a região intergénica mtDNA COI-COII e caraterísticas morfométricas. Boletim de Insectologia 67:31-37.

Al Ghamdi, A.A. (2005) Estudo comparativo entre subespécies de *Apis mellifera* para eclosão de ovos e percentagem de ninhada selada, temperatura do ninho e humidade relativa. Jornal de Ciências Biológicas do Paquistão 8: 1-5.

Al Ghamdi, A.A. Alsharhi, M., Alattal, Y., Adgaba, N. (2012) Diversidade morfométrica de abelhas indígenas, *Apis mellifera* (Linnaeus, 1758), na Arábia Saudita. . Zoologia no Médio Oriente: 97- 103.

Al Ghamdi, A.A., Nuru, A. Khanbash, M.S., Smith, D.R. (2013) Distribuição geográfica e variação populacional de *Apis mellifera jemenitica* Ruttner. Journal of Apicultural Research 52:124-133.

Al Ghzawi, A.M.A., Zaitoun, S.T., Shannag, H.K. (2001) Seasonal cycles of Apis mellifera syriaca under Jordanian desert conditions. Journal of Apicultural Research; 40(2):45-51.

Al mehmadi, R.M., Alghamdi, A.A., Wongsiri, S., Chanchao, C., Aljedani, D.M. (2011) Estudos histológicos sobre a diferenciação de ovários em abelhas rainhas Yemini, *Apis mellifera jemenitica* (Hymenoptera: Apidae), durante o desenvolvimento pós-embrionário. Pan-Pacific Entomologist 87:177-187.

Al Qarni, A.S. (1995) Estudos morfométricos e biológicos da raça nativa de abelhas *Apis mellifera* L.; a carniolana A. m. carnica pollmann e o seu híbrido F1. Dissertação de Mestrado. Tese, King Saud University, Riyadh, Arábia Saudita, 143pp.

Al Qarni, A.S. (2006) Tolerance of Summer Temperature in Imported and Indigenous Honeybee *Apis mellifera* L. races in central Saudi Arabia. Saudi journal of biological sciences 13:123-127.

Al Qarni, A.S., Balhareth, H., Owayss, A. (2013) Caracteres morfométricos e reprodutivos da rainha de *Apis mellifera jemenitica*, uma abelha melífera nativa da Arábia Saudita. Boletim de Insectologia 66:239-244.

Al Qarni, A.S., Balhareth, H.M., Owayss, A.A. (2014) Avaliação do desempenho de raças indígenas e exóticas de abelhas melíferas (*Apis mellifera* L.) na região de Assir, sudoeste da Arábia Saudita. Revista Saudita de Ciências Biológicas 21:256-264.

Al Qarni, A.S., Hannan, M., Owayss, A., Engel, M. (2011) As abelhas indígenas da Arábia Saudita (Hymenoptera, Apidae, *Apis mellifera jemenitica* Ruttner): A sua história natural e o seu papel na apicultura. Zoo Keys 134:83-98.

Al Tickrity, W.S., Hillmann, R.C., Benton, A.W. Clarke,W.W. (1971) A new instrument for brood measurement in a honeybee colony. amer. Bee J., 111 (4): 143-145.

Aly, F., Eshbah, H., Makadey, M. (1989) Studies on the proboscis and corbiculae measurements of three races of honeybee in relation to honey and pollen production in middle Egypt. Proceedings of the Fourth International Conference on Apiculture in Tropical climates, Cairo, Egito: Londres: International Bee Research Association.

Amssalu, B., Nuru, A., Radloff, S., Randall, H., Hepburn, (2004) Multivariate morphometric analysis of honeybees (*Apis mellifera*) in the Ethiopian region. Apidologie 35:71-81.

Aqlan, K.S. (1999) Morphometrical and biological studies on Yemeni honey bee, *Apis mellifera jemenitica* and its hybrids. . Tese de Mestrado, Faculdade de Agricultura, Universidade de Sanaa, pp.96.

Becher, M.A., Scharpenberg, H., Moritz, R.F. (2009) Pupal developmental temperature and behavioral specialization of honeybee workers (*Apis mellifera* L.). Journal of Comparative Physiology A.195:673-679.

Bouga, M., Alaux, C., Bienkowska M., Büchler, R., Carreck, N., Cauia, E., Chlebo, R., Dahle, B., Dall'Olio, R., De la Rùa, P. (2011) A review of methods for discrimination of honey bee populations as applied to European beekeeping.

Breed, M/D., Guzmàn-Novoa, E., Hunt, G.J. (2004) Defensive behavior of honey bees: organization, genetics, and comparisons with other bees. Annual Reviews in Entomology 49:271-298.

Collins, A.M., Daly, H.V., Rinderer, T.E., Harbo, J.R., Hoelmer, K. (1994) Correlations between morphology and colony defense in Apis mellifera L. Journal of Apicultural Research 33:3-10.

Crane, E. (1990) Bees and beekeeping: science, practice and world resources. Heineman Newnes, Oxford, p. 614.

Daly, H., Hoelmer, K., Norman, P., Allen, T. (1982) Computer-assisted measurement and identification of honey bees (Hymenoptera: Apidae). Annals of the Entomological Society of America 75:591594.

Damblon, F., Lobreau-Callen, D. (1990) Bee foraging in north and west Africa. VI Simpósio Internacional sobre Polinização 288. p. 121-126.

Danforth, B.N. (1999) Emergence dynamics and bet hedging in a desert bee, Perdita portalis. Actas da Sociedade Real de Londres. Série B, Ciências Biológicas; 266 (1432): 1985-1994.

Diniz-Filho, J.A.F. and Bini, L.M. (1994) Correlação espacial entre dados morfométricos e climáticos: uma análise multivariada de abelhas africanizadas (*Apis mellifera* L.) no Brasil. Global ecology and biogeography letters:195-202.

Dutton, R., Ruttner, F., Berkeley, A., Manley, M., (1981) Observation on the indigenous *Apis mellifera* of Oman, Journal of Apicultural Research Centre, King Saud University, Research 20 (4); 201-214.

Elaidy, W.K.M., Abdo-Tolba, A.E.M. (2017) Avaliação comparativa de quatro raças de abelhas melíferas de acordo com as actividades de armazenamento de pólen e de criação de ninhadas de operárias em condições naturais Journal of Pharmacy and Biological Sciences 12:40-49.

El-Aw, M., Draz, K.A., Eid, K.S., Abo-Shara, H., (2012) Medição dos caracteres morfológicos da abelha melífera (*Apis Mellifera* L.) utilizando uma técnica semi-automática simples. Jornal de ciência americana 8:558-564.

El-Banby, M.A., El-Badawy, A.A., Abouel-Enian,G. (1999.) Estudos morfométricos e biológicos sobre as raças de abelhas Carniolan, Italianas e Egípcias e os seus cruzamentos. Pro. 3th Int. Apic.Conger. Canadá: Vavcouver, p. 12-17.

El-bassiouny, A.M. (1992) Estudos comparativos sobre a raça de abelhas carniolanas e seus cruzamentos.

El-bassiouny, A.M. (2013) Manutenção e desenvolvimento de sobreviventes de abelhas melíferas tolerantes à varroa, conforme indicado por parâmetros de reprodução selectiva. Jornal das Universidades Árabes de Ciências Agrícolas (Egito).

El-bassiouny, A.M. (2008) Thermoregulation within honeybee Apis mellifera colony. J. Biol. Chem. Environ. Sci. 3(1): 527 - 556.

El-Sarrag, M.S.A. (1993) Some factors affecting brood rearing activity honeybee colonies in the Central Region of Saudi Arabia. J. King Saud Univ. Agric. Sci., 5 (1). 97-108.

El-Shakaa, S. (1977) Studies on pollen grains collected by the honey bees in Giza Region. Tese de Mestrado Científico, Faculdade de Agricultura, Universidade do Cairo.

Engel, M. (1999) The taxonomy of recent and fossil honey bees. Journal of Hymenopteral Research 8:165-196.

Field, O.S. (1980) Beekeeping and honey production in Yemen Arab Republic. . Relatório de Field Honey Farms; Thame, Reino Unido.

Gadbin, C. (1976) Overview of traditional beekeeping dams southern Tchad Journals, Tropical Agriculture and Applied Botaniqe (JATBA) 23: 101-115.

Gotlieb, A., Hollender, Y., Mandelik, Y. (2011) A jardinagem no deserto altera as comunidades de abelhas e as caraterísticas da rede de polinização. (Edição especial: interações planta-polinizador em ambiente em mudança). Ecologia Básica e Aplicada; 2011. 12(4):310-320.

Graham, J.M. (1992) The hive and the honey bee: Dadant & Sons, Hamilton, IL.

Graham, S., Myerscough, M., Jones, J., Oldroyd, B. (2006) Modelação do papel da diversidade genética intracolonial na regulação da temperatura da criação em colónias de abelhas melíferas (*Apis mellifera* L.). Insectes Sociaux 53:226-232.

Guzmân-Novoa, E., Page, R.E., Fondrk, M.K. (1994) As técnicas morfométricas não detectam níveis intermédios e baixos de africanização nas colónias de abelhas melíferas (Hymenoptera: Apidae). Annals of the Entomological Society of America 87:507-515.

Heinrich, B. (1996) How the honey bee regulates its body temperature. Bee World 77:130-137.

Hepburn, H.R., Radloff, S.E. (1997) Biogeographical correlates of population variance in the honey-bee (*Apis mellifera* L.) of Africa. . Apidologie 28.

Hepburn, H.R., Radloff, S.E. (1998) Honeybees of Africa. Springer Verlag, Berlim, Xiit 669pp. Heinemann, Londres, Reino Unido.

Hepburn, H.R., Radloff, S.E. (2004) O aparelho de acoplamento das asas e a análise morfométrica das populações de abelhas. South African journal of science 100:565-570.

Hussein, M.H. (1997) Beekeeping in Sultanate of Oman. 7th Nat. Conf.; of Pests and Dis.; of Veg. & Fruits Egypt, Suez Canal Univ., Ismailia. p. 313-324.

Jones, J.C. (2005) Bibliography of common wealth apiculture (Bibliografia da apicultura da riqueza comum): Secretariado do património comum.

Jones, Oldroyd, B.P. (2006) Nest thermoregulation in social insects. Avanços em Fisiologia de insectos 33:153-191.

Jones, J.C., Myerscough, M.R., Graham, S., Oldroyd, B.P. (2004) Honey bee nest thermoregulation: diversity promotes stability. Science 305:402-404.

Kamel, S.M., Strange, J.P., Sheppard, W.S. (2003) Nota científica sobre o comportamento higiénico em *Apis mellifera lamarckii* e *A. m. carnica* no Egito. Apidologie 34:189-190.

Kandemir, I., Kence M., Kence, A. (2000) Genetic and morphometric variation in honeybee (*Apis mellifera* L.) populations of Turkey. Apidologie 31:343-356.

Kauhausen-Keller, D. (1991) Discrimination of Apis-mellifera-cranica poll from the other races of *Apis-mellifera* L. Apidologie 22:97-103.

Mazeed, M. (1988) Beekeeping in Egypt. Proc. 4th Int. Conf. Apic. Climates. p. 6-10.

Medrzycki, P., Giffard, H., Aupinel, P., Belzunces, L.P., Chauzat, M.P., Claßen, C., Colin, M.E., Dupont, T., Girolami, V., Johnson, R. (2013) Standard methods for toxicology research in *Apis mellifera*. Journal of Apicultural Research 52:1-60.

Meixner, M.D., Leta, M.A., Koeniger, N., Fuchs, S. (2011) As abelhas melíferas da Etiópia representam uma nova subespécie de Apis mellifera - *Apis mellifera simensis* n. ssp. Apidologie. 2011; 42: 425-37.

Mostajeran, M., Edriss, M.A., Basiri, M.R. (2006) Analysis of colony and morphological characters in honey bees (*Apis mellifera meda*). Pak. J. Biol. Sci 9:2685-2688.

Nuru, A., Amssalu, B., Hepburn, H., Radloff, S. (2002) Swarming and migration in the honey bees (*Apis mellifera*) of Ethiopia. Journal of Apicultural Research 41:35-41.

Oliveira, W.P.J., Brandeburgo, M.A., Marcolino, M.T. (2000) Aspectos morfométricos e adaptativos em abelhas africanizadas (*Apis mellifera*). Rev. Bras. Biol. 60:307-314.

Omoloye, A.A., Akinsola, P.A. (2006) Fontes de alimentação e efeitos de caracteres vegetais selecionados e variáveis meteorológicas na intensidade de visita da abelha *Apis mellifera adansonii* (Hymenoptera: Apidae) no sudoeste da Nigéria. J. Apic. Sci 50:39-48.

Poklukar, J., Kezic, N. (1994) Estimativa da hereditariedade de algumas caraterísticas das patas traseiras e das asas das operárias de abelhas melíferas (Apis mellifera carnica Polm.) utilizando o método das meias-irmãs. Apidologie 25:3-3.

Rabe, M.J., Rosenstock, S. S., Nielsen, D. I. (2005) Abelhas africanizadas selvagens (*Apis mellifera*) em habitats do deserto de Sonora, no sudoeste do Arizona. Southwestern Naturalist; 50(3):307-311.

Radlof, S.E., Hepburn, (1997) Análise multivariada das abelhas Apis mellifera Linnaeus (Hymenoptera; Apidae), do Corno de África. African Entomology 5 (1-2): 57-64.

Rashad, SE., EL-Sarrag, M.S.A. (1980b) Some characters of Sudanese honeybee *Apis mellifera* L. Actas da segunda Conferência Internacional sobre Apicultura em climas tropicais, Nova Deli, Índia, 29 de fevereiro a 4 de março, pp. 301-309.

Rashad, S.E., Mohamed, M., El-Shakaa, S. (1980a) Behavior of honey bee workers on major pollen sources in Giza region. Annals of Agricultural Science, Moshtohor 12:379-384.

Robertson, H.M., Wanner, K.W. (2006) A superfamília de quimiorreceptores na abelha *Apis mellifera*: expansão da família de receptores odoríferos, mas não gustativos. Genome research 16:1395-1403.

Rothenbuhler, W.C., Kulincevic, J.M., Kerr, W.E. (1968) Bee genetics. Ann Rev. Genet 2: 413-437. In: JMaK Kulincevic, W. E., editor.

Ruttner, F. (1976) Raças africanas de abelhas melíferas. Proc. Int. Beekeeping Congr. 25:325-252.

Ruttner, F. (1988) Biogeography and taxonomy of honeybees: SpringerVerlag New York.

Ruttner, F., Tassencourt, L., Louveaux, J. (1978) Biomedical-statistical analysis of the geographic variability of *Apis mellifera* L. Material and methods. Apidologie 9:363-381.

SAS, (2006) SAS/STAT User's Guide, versão 9.1.3, SAS Institute Inc, Cary, NC).

Schlipalius, D., Ebert, P.R., Hunt, G.J. (2008) Honeybee Genome Mapping and Genomics in Arthropods:1-16.

Schneider, S., Leamy, L., Lewis, L., DeGrandi-Hoffman, G. (2003) A influência da hibridação entre abelhas africanas e europeias, *Apis mellifera*, nas assimetrias do tamanho e forma das asas. Evolution 57:2350-2364.

Shaibi, T., Fuchs, S., Moritz R.F.A. (2009.) Estudo morfológico de abelhas (*Apis mellifera*) da Líbia. Apidologie 40:97-105.

Sheppard, W.S., Meixner, M.D. (2003) Apis mellifera pomonella, uma nova subespécie de abelha melífera da Ásia Central. Apidologie 34:367-376.

Sheppard, W., Arias, M., Grech, A., Meixner, M. (1997) Apis mellifera ruttneri, uma nova subespécie de abelha melífera de Malta. Apidologie 28:287293.

Siham, N. (1990) Studies on Sudanese and Carniolan honeybees. Tese de doutoramento. Fac. Agric. Univ., Khartoum, Sudão, pp. 53-78.

Silva, D.M., De Jang, D. (1990) Diurnal flight activity of Africanized and European honeybees. Apicata, 25 (3): 78-80 (Apic. Abst. 925/91).

Taha, A.A. (2006) Effect of hive type on strength and activity rate of honeybee colonies (*Apis mellifera* L.) in Egypt. Departamento de Investigação Apícola, Instituto de Investigação de Proteção das Plantas, A. R. C., Egito.

Tautz, J. (2008) The buzz about Bees: Biology of a Superorganism. Berlim, Heidelberg: Springer-Verlag.

Tucak, Z., Periskic, M., Skrivanko, M., Konjarevic, A., (2007) a influência da origem botânica das plantas melíferas na qualidade do mel. Poljoprivreda; 2007. 13(1):234-236.

Winston, M.L. editor (1987) the Biology of the Honey Bee. Harvard University Press, Cambridge, Massachusetts. Cambridge, Massachusetts: MIT Pr.

Yakoub, W. (1998) Estudos comparativos sobre algumas raças de abelhas.

MIX
Papier aus verantwortungsvollen Quellen
Paper from responsible sources
FSC® C105338

Printed by Books on Demand GmbH, Norderstedt / Germany